아일랜드 음악여행

아일랜드 음악여행

펴낸날 2018년 3월 12일

지은이 송원길
펴낸이 주계수 | **편집책임** 윤정현 | **꾸민이** 전은정

펴낸곳 밥북 | **출판등록** 제 2014-000085 호
주소 서울시 마포구 월드컵북로 1길 30 동보빌딩 301호
전화 02-6925-0370 | **팩스** 02-6925-0380
홈페이지 www.bobbook.co.kr | **이메일** bobbook@hanmail.net

© 송원길, 2018.
ISBN 979-11-5858-386-6 (03980)

※ 이 도서의 국립중앙도서관 출판시도서목록(CIP)은 e-CIP 홈페이지(http://www.nl.go.kr/cip)에서 이용하실 수 있습니다. (CIP 2018007099)

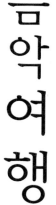

성과 성당 문학과 음악이 있는

아일랜드 음악여행

송원길

천혜의 자연 속에 음악이 곧 삶인 나라 아일랜드
아일랜드 20여 도시와 지역을 훑는 빈틈없는 여행
밤이면 여행지의 펍에서 제대로 만나는 아이리시 음악

Recommend a book

I warmly welcome the publication of WK Song's book on Irish music, Ireland Music Travel, and I believe that it will provide a further boost to the growing awareness of Irish culture in Korea. Music has a special place in the hearts of Irish and Korean people and I am confident that this book will contribute to the strengthening bonds between our countries. Shared moments of a cultural exchanges create the connections that bring political contacts and commercial exchanges in their wake. Music builds bridges, travels under walls and transcends divides.

One of the many memorable experiences I have enjoyed in my first year in this wonderful country was attending a concert by a well-known Irish accordion player, performing alongside a number of young Korean music students. Despite their having only recently met and the visiting Irish musician not speaking any Korean, the traditional Irish music they played together was a rich and seamless conversation in music. There was no gap or distance or between them. They had been brought together by a love of music.

Ireland's musical culture is deeply rooted in our history, so much so that Ireland's national emblem is one of our most famous musical instruments, the harp. But it is also a flourishing part of our contemporary life. As WK Song discovers through his travels in Ireland, live music can be found in every corner of the country, whether in a small rural village or a big city.

The Irish and Korean people have much in common, including an emotional connection that finds expression through music. Korean travellers to Ireland will notice that the Irish music performance or "session" brings people from all walks of life, friends and strangers, together, in a shared space, to enjoy a shared experience.

I wish you a happy journey through Irish music in the good hands of your expert guide, WK Song, and I congratulate him on his most impressive and rewarding book.

_ Ambassador of Ireland *Julian Clare*

Recommend a book

송원길 씨의 〈아일랜드 음악여행〉 출간을 환영하며, 이를 통하여 한국에서 아이리시 문화와 음악이 더욱 알려지는 기회가 되리라 믿습니다. 한국인과 아일랜드 사람에게 음악은 특별한 것이며 이 책이 두 나라 사이의 유대를 강화하는 역할을 하리라 생각합니다. 문화 교류는 정치적인 접촉과 상업적인 교류를 연결하는 고리 역할을 할 수 있습니다. 음악은 다리로서 장벽을 넘어 여행하고 분열을 초월하는 역할을 합니다.

많은 추억 중에서 기억에 남는 하나는 한국 생활을 즐기는 부임 첫해에 유명한 아이리시 아코디언 연주자의 콘서트에 참석하여 보았던 젊은 한국 학생이 함께 연주하는 모습이었습니다. 당시 그들은 콘서트 직전에 만났고 한국을 방문한 아이리시 음악가는 어떤 한국말도 하지 못함에도 불구하고 함께 아일랜드 전통 음악을 연주하면서 막힘없이 대화를 나누는 것을 볼 수 있었습니다. 그들 사이에는 거리와 간극이 없었습니다. 그들은 음악이 가지는 보편적 사랑으로 함께 모였기 때문이 아닌가 합니다.

아일랜드의 음악과 문화는 역사에 깊은 뿌리를 두고 있으며 아일랜드를 상징하는 것은 아일랜드의 유명한 악기 중 하나인 하프입니다. 음악은 현대 우리의 생활에서 중요한 부분입니다. 이 책의 저자 송원길 씨도 아일랜드 시골 마을이든 큰 도시든 어디를 여행하든지 라이브로 연주하는 아일랜드 음악을 들을 수 있었을 것입니다.

아일랜드와 한국 사람은 공통점이 많은데 음악을 통해서 표현하는 감성적인 부분이라고 봅니다. 아일랜드를 여행하는 한국인이라면 아이리시 음악공연 또는 '세션Session'을 통해서 삶, 친구, 낯선 사람들과 공유 공간에서 함께하는 경험을 하며 즐거움을 알게 될 것입니다.

이 책을 통해서 아일랜드와 음악을 느끼고 경험하는 행복한 여행이 되길 기원하며, 인상적이면서도 의미 있는 이 책의 출간을 다시 한번 축하합니다.

_ 아일랜드 대사 *Julian Clare*

이야기와 음악의 나라 아일랜드

유럽의 끝자락 우리나라와 정반대에 위치한 아일랜드는 우리와 참 닮은 곳이 많은 나라다. 오랜 역사 속에서 경험했던 고난과 영광이 그렇고, 현재까지 내려온 설움과 투쟁의 역사, 근대의 독립과 현대의 성장 진행이라는 공통점이 그렇다. 무엇보다도 지구상 민족 중 서로가 공감하는 정情이라는 것을 이해할 수 있는 유일한 동서양 나라가 한국과 아일랜드가 아닌가 싶다.

지구상에서 서로가 공감할 수 있는 정서인 정情과 한恨을 이해하는 서양사람이 아일랜드 사람이며 그들은 특히 가족애를 중요시하고 음주가무를 즐기는 민족이다. 문학과 해학을 즐기고 이야기를 좋아하는 그들의 신비롭고 환상적인 문화는 현대에 영화와 게임 산업의 테마가 되었고, 그들의 문학과 극작품은 오늘날 가장 인정받는 분야로서 아일랜드를 인구대비 가장 노벨상 수상자가 많은 나라로 만들었다.

영국 프랑스 독일 등, 서유럽 여러 나라에 비해 아일랜드는 아직 우리에게 생소한 나라이지만, 그 문화를 이해하고 나면 아일랜드는 한국인의 정서상 푹 빠질 수밖에 없는 매력을 가진 곳이다. 현재까지 아일랜드를 가까이 이해할 수 있는, 특히 문화와 음악을 소개하는 책이 국내에 나오지 않아 아쉬움이 컸는데, 이번에 이 책 〈아일랜드 음악여행〉이 나온다니 반가운 마음 금할 수가 없다.

작가는 아일랜드 현지를 여행하며 스스로 경험한 것들을 정리하여 이 책에 글과 사진으로 고스란히 담아냈다. 음악을 테마로 한 아일랜드 여행이었던 만큼 책 속에는 음악을 매개로 한 아일랜드의 사회와 문화, 역사를 경계와 시간을 넘어 한 편의 스토리로 풀어내고 있다.

가장 슬프고, 가장 흥겨운 아일랜드 음악. 그러면서도 겸손하고 친화적인 아일랜드 음악이야말로 순수한 그들의 삶과 문화에 다가가는 가장 유용한 가교이다. 나 자신 음악을 하는 사람으로서 많은 이가 송원길 음악여행 작가의 〈아일랜드 음악여행〉을 통해 아일랜드는 물론 그들의 음악을 더 알고 이해하며, 아일랜드를을 맘껏 누릴 수 있기를 소망한다.

_ 박해성

2017년 〈영혼의 휴식 미국 남부 음악여행〉을 출간하고 음악여행 작가로 발을 내디딘 나로서는 새로운 여행 장르를 만들고 있다는 생각에 많은 계획과 해야 할 일이 생겨났다.

지금으로부터 40여 년 전 대학 생활의 즐거움을 만끽해야 할 때 미국의 백인 음악인 컨트리음악Country Music에 빠져 한국컨트리음악동호회를 만들어 활동하고, 미국컨트리음악협회(CMA: Country Music Association)와 교류를 하며 음악에 대한 열정을 쏟은 기억이 새롭다. 당시 국내 음악산업이 발전하지 못하고 다양성이 부족한 관계로 내가 생각하는 음악산업 비지니스를 하기에는 많은 한계가 있었다. 이런 한계를 느낀 나는 당장 음악에 대한 꿈(?)을 접고 취미 정도로 그 꿈을 이어가다가 나이를 들고 여유가 있을 때 다시 도전하기로 다짐했었다.

그런 20대의 자신과의 약속을 잊지 못해 이제 빛바랜 사진을 꺼내 든 마음으로 음악여행 작가로 활동을 시작하고 있다. 30년 넘는 동안 가슴에 담고 살아오면서 어머니가 장을 담는 마음으로 숙성의 시간을 보내왔다. 직장 생활을 할 때나 사업을 하며 미국 출장을 다닐 때면 가슴속에 숨겨둔 음악에 대한 열정을 꺼내서 먼지를 닦곤 하였다.

아시아 최초로 미국 백인들의 음악인 컨트리음악에 대한 역사책인 〈컨트리음악의 역사〉History of country Music를 35년 전 출간하였다. 그때 그들의 음악에 대한 검증을 거치고 2017년 출간 한 〈영혼의 휴식 미국 남부 음악여행〉은 미국 대중음악의 뿌리인 남부지방을 수차례 여행하며 정리한 책이다.

미국은 이민으로 만들어진 나라다. 나는 미국의 흑인 음악인 재즈와 블루스, 백인 음악인 컨트리음악에 오랜 관심을 가지며 그 음악의 뿌리를 찾고자 하는 시도를 멈추지 않았다. 그래서 나온 책이 〈영혼의 휴식 미국 남부 음악여행〉이고, 그 뿌리를 계속 찾다 보니 쓰게 된 책이 〈아일랜드 음악여행〉이다.

미국에는 3,500만 명이 넘는 아일랜드계가 살고 있다. 살기 위해 이민의 길을 택해야만 했던 그들의 역사와 현실을 보면서, 그들이 그런 힘든 현실을 극복할 수 있었던 힘은 음악이었고, 오늘날 미국 백인 음악의 뿌리를 찾는다면 그곳은 아일랜드다. 아일랜드는 미국 백인 음악의 상당한 지분을 가지고 있는 것이다. 상대적으로 미국 흑인 음악의 뿌리는 아프리카 서부에서 강제로 끌려온 흑인 노예인 만큼 아프리카 서부 음악이 미국 재즈와 블루스 음악의 출생지라고 할 수 있다.

이제 여행은 단순히 보고 즐기는 걸 넘어 힐링을 하고, 아이디어를 찾고, 자기가 좋아하는 콘텐츠와 함께하는 테마여행으로 변화하고 있다. 음악과 여행이라는 화두를 가지고 떠난 아일랜드는 너무나도 많은 매력을 가지고 있는 나라다. 800년에 가까운 잉글랜드의 지배를 받으면서도 굳건히 민족적 자존을 지켜온 아일랜드는 고유의 역사와 문학적인 기질, 그리고 흥을 가지고 있는 민족이다. 한국에 막걸리가 있다면 그들은 기네스 맥주를 마시며 외로움과 한을 달랬다. 그들은 자신들의 흥을 음악으로 승화하는 지혜를 펼쳐 보였다.

나는 보름 동안 그들의 도시와 작은 시골 마을을 다니며 그들의 음악이 펼쳐지는 펍 음악여행을 했다. 아일랜드는 펍을 지나지 않고는 다닐수 있는 곳이 없다고 할 만큼 펍이 많은 나라다. 기네스북에도 오를 만큼 제일 오래된 펍과 역사를 가지고 있다. 아일랜드 펍은 음악을 중심으로 사람, 문화, 정치, 경제가 만들어지는 곳이라고 해도 과언이 아니다. 내가 확인한 아일랜드 사람들은 남녀노소가 소통하고 즐기는 장소로 펍을 활용하고 있다. 낮에는 아일랜드 곳곳을 여행하고, 밤에는 그들의 음악과 삶을 이해하고 소통하고자 펍을 찾아다니며 미국 백인 음악의 뿌리를 찾으려 했다.

미국 백인 음악의 뿌리를 찾고자 하는 나의 음악적인 갈증은 아일랜드의 펍에서 그들의 전통음악을 들으며 대부분 해소할 수 있었다. 아일랜드 음악에는 화합과 융합의 정신이 있다. 그들은 자신의 음악에 외부음악과 악기를 흡수하고 받아들여 오늘날 그들의 음악을 완성시켜 왔다. 배울 수 있는 누군가가 있다면 그를 받아들여 재창조하면서 성장하고 자신을 발전시켜 왔다. 아일랜드의 음악 문화에는 그런 그들의 강한 정신과 문화가 자리 잡고 있다.

　아일랜드를 이해하려면 그들의 문화를 이해하는 것이 제일 빠르고 정확

하다. 그중에서도 음악은 그들의 혼과 정신이 담겨있는 것이다. 인구대비

가장 많은 노벨 문학상을 받은 나
라가 아일랜드다. 우리나라에서 한
명도 받지 못했던 것을 우리 인구
의 1/10인 450만 정도밖에 안 되
는 아일랜드는 4명이 노벨 문학상
을 받은 나라이다. '아름다운 자연
과 역사적인 환경이 이런 결과를
만들어 내지 않았나?' 하는 것이
아일랜드 여행한 나의 느낌이다.

새로운 인생 2막을 시작하면서 떠난 아일랜드 여행은 나에게 많은 정리의 기회를 주고 새로운 도전에 동기를 부여하는 의미 있는 시간이었다. IT산업에서 30년 가까이 몸담아온 나에게 여행작가로의 새로운 시작은 쉽지 않은 도전이었고, 홀로 떠난 여행은 더더욱 쉽지 않은 여정이었다. 우리와 반대방향의 운전(좌측운전)을 해보고, 모든 여행을 누구의 도움도 없이 혼자서 해냈던 경험은 나에게 큰 수확이었다. 패키지 여행은 따라만 가면 되지만, 홀로 여행은 모든 것을 스스로 해결해야 하기에 성취감이 있다. 그만큼 모든 순간순간이 생생하게 머리에 남는다. '쉽게 얻어지는 것은 쉽게 잊히는 것이 자연의 섭리'라는 생각이 든다. 50대 후반을 달리는 나에게 아일랜드 홀로 여행은 분명 힘든 여정이었지만 여행에 집중하고 간절히 바라는 것을 얻는 소중한 시간이었다.

무슨 깊은 고민이 있거나 정리를 해야 할 일이 있을 때, 중차대한 결정을 해야 하는 일이 있을 때는 여행을 해보길 권한다. 가톨릭 국가인 아일랜드에서 나는 성당을 관광하며 많은 기도의 시간과 자신을 돌아보는 성찰의 시간을 가지며 지나온 삶과 다가올 삶에 대한 정리를 할 수 있었다. 더불어 모든 것을 기다리는 지혜를 배우기도 했다. 힘들고, 어려운 여행일수록 깨달음을 많이 경험할 수 있기 때문이다.

　성과 성당 그리고 문학과 음악이 있는 아일랜드로 음악여행을 떠나보자! 끝으로 음악여행이라는 새로운 여행을 통해 많은 독자가 여행의 참맛을 느껴보길 바라며, 이 책이 음악여행과 아일랜드를 배우고 이해하는 데 작은 도움이 되기를 바란다.

2018년 1월 분당에서

음악여행 작가 송원길

차 례

1부 여행 전 아일랜드 이해하기

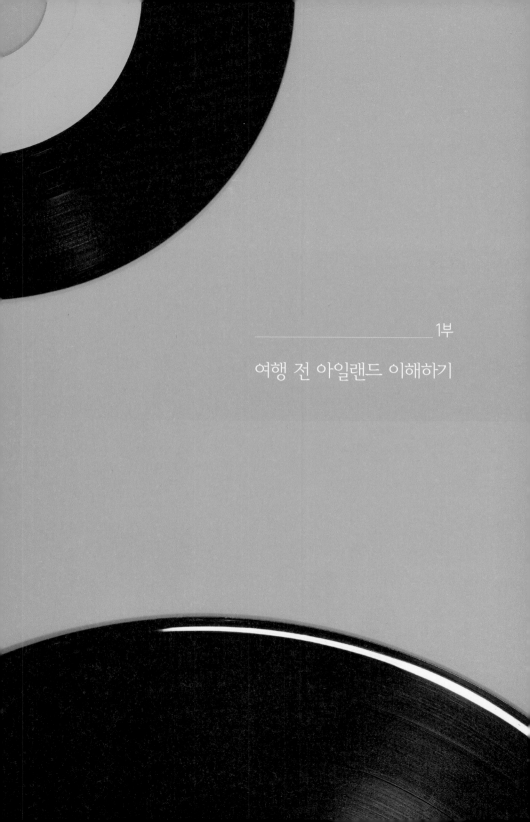

1부

여행 전 아일랜드 이해하기

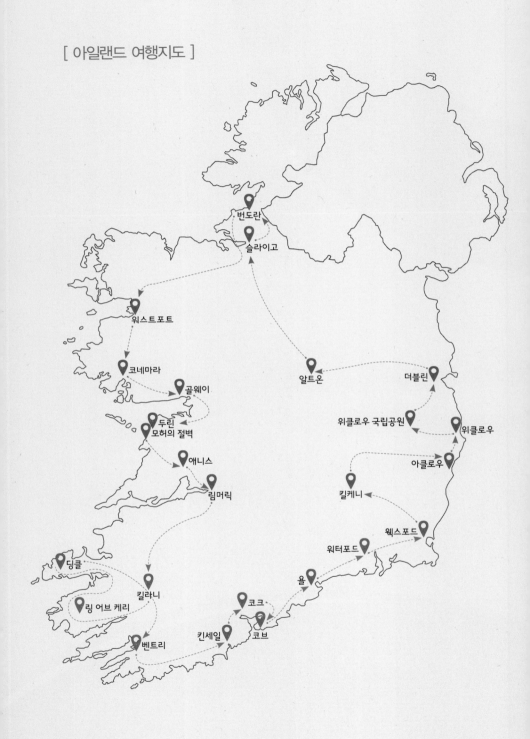

[아일랜드 여행지도]

번도란
슬라이고
웨스트포트
코네마라
골웨이
두린
모허의 절벽
애니스
림머릭
딩클
링 어브 케리
킬라니
벤트리
킨세일
코크
코브
욜
워터포드
웩스포드
킬케니
아클로우
위클로우
위클로우 국립공원
더블린
알트온

1장

아일랜드란 어떤 나라인가?

국가의 상징이 하프인 국가

아일랜드는 우리에게 아주 먼 나라라는 느낌을 주는 국가다. 거리상의 이유도 있지만 스코틀랜드, 잉글랜드, 웨일즈와 함께 북아일랜드만 영국 연방에 속하나 독립국인 아일랜드마저 영국연방으로 잘못 인식하는 탓이 크다. 하지만 아일랜드는 12세기부터 지배를 받아온 영국으로부터 1921년 12월 6일 700년이 넘는 긴 식민지의 종지부를 찍고 독립한 국가

아일랜드의 상징 하프기를 게양하고 있는 더블린

이다. 세계 유일하게 국가의 상징이 악기인 하프라는 것도 이색적이지만 세계에서 유일하게 지배를 받은 민족이 지배한 나라보다 현재 높은 국민 소득을 보여주는 국가이기도 하다(2016년 기준 1인당 GDP: 아일랜드 65,871달러, 영국 40,412달러).

하지만 실제 소득이 영국보다 높을 것으로 생각하면 잘못이다. 실제로 GDP와 소득은 별개의 지표이기도 하지만 아일랜드의 낮은 법인세 때문에 여러 다국적 기업이 아일랜드에 본사를 등록한 결과로 거품이 있기 때문이다. 또 한때는 부동산 거품에서 시작된 경제 위기로 1인당 국민 소득이 급락하여 한국과 비슷한 수준이 되기도 하였으나 다시 회복하였다.

아일랜드를 직접 여행하면서 느낀 소감은 첫째로 아일랜드는 가톨릭 국가라는 이미지가 짙다는 점이다. 이는 국민의 90%가 가톨릭 신자라는 것으로도 알 수 있다. 전국 어디를 여행하든 수백년이 지난 오래된 성당을 쉽게 접할 수 있으며 시민과 관광객을 위해 항시 개방된 성당은 생활 속에서 신앙생활을 할 수 있는 환경이라는 인상을 받았다. 내가 시골의 작은 성당 미사에 참여했을 때 성스러운 주일을 온 가족이 함께 모여 미사를 드리고, 끝나면 동네 사람들이 성당 앞에서 교제하는 모습이 인상적이었다.

둘째 아일랜드는 펍Pub의 나라라는 것이다. 아일랜드의 수도인 더블린을 펍을 지나치지 않고 다닐 수 없는 곳이라고 할 정도로 펍이 많은 곳이다. 펍은 수도인 더블린뿐만 아니라 작은 도시를 여행할 때 혹은 시골 마을에 갔을 때도 쉽게 접할 수 있는 곳이다. 펍Pub은 Public House

의 약자로 대중이 모이는 장소라는 의미이다. 마을 사람이면 누구나 펍에 모여서 그들의 관심사를 서로 대화 나누며 즐기는 장소다. 펍에서 빼놓을 수 없는 것이 그들 음악인 아이리시 음악이다. 아일랜드에서 음악은 그들의 삶에 윤활유 역할을 해주는 요소로 자리매김하고 있다. 처음 만나는 사이라도 펍에서 악기를 가지고 만나면 음악을 리드하는 사람과 함께 연주를 하며 그들의 스트레스와 삶의 무게를 내려놓는다.

나는 그들의 펍 문화와 음악을 이해하고 나서야 비로소 아일랜드의 상징이 왜? 하프인지를 이해할 수 있었다. 펍에 음악과 함께 빼놓을 수 없는 것이 있다면 아일랜드를 상징하는 기네스Guinness 맥주이다. 기네스는 아일랜드를 상징하는 의미를 가지는데 하프가 기네스 맥주의 로고이기도 하다. 아일랜드 어느 펍을 가더라도 다양한 맥주를 접할 수 있지

아일랜드의 상징인 기네스 맥주

만 기네스 맥주가 단연 아일랜드 펍의 대표 맥주라고 보면 된다. 아일랜드 펍에서 아이리시 음악과 흥을 받쳐 주는 촉매로서 기네스 맥주는 우리들의 막걸리와 같은 존재이다.

셋째 아일랜드는 아름다운 자연과 성城의 국가이다. 아일랜드 전역을 자동차로 여행할 때 펼쳐지는 아일랜드의 자연환경은 한국에서 온 운전자의 시선을 뺏기 충분하였고, 한국과는 반대방향(좌측운전) 운전과 좁은 시골길은 외국인인 나에게 운전이 어려울 수밖에 없었다. 차창 밖으로 펼쳐지는 자연의 아름다움은 한 폭의 그림과 같고 여행 중에 전국 어디서든지 만날 수 있는 1,000년 넘은 고성들은 세월의 무상함을 안겨주었다. 아일랜드에서 성은 오랫동안 지역을 지켜 온 수호신 같은 느낌을 주고 일부 성은 유적지로 보호받는 존재인가 하면 어떤 곳은 수도

존스타운(Johnstown) 성

원, 호텔, 공공시설로 활용하고 있다.

　넷째 아일랜드를 상징하는 또 하나는 문학의 나라라는 것이다. 적은 인구에도 다수의 노벨 문학상 수상자를 배출하였다. 우리가 잘 알고 있는 시인 예이츠를 비롯한 오스카 와일드, 조지 버나드 쇼, 제임스 조이스, 걸리버 여행기 작가인 조너선 스위프트 등등이 아일랜드 출신이다. 그들의 고향을 여행하면서 아름다운 자연환경을 보며 그들의 문학적 감상의 토대가 자연이었음을 느끼며 그런 환경이 내심 부러움이 들었다. 특히 예이츠가 자라고 살던 마을에서는 고즈넉한 해안마을 포구와 호수 그리고 높지 않은 산과 그 사이를 흐르는 개울을 보며, 이런 빼어난 환경이 그가 시인으로 성장하는데 자양분이 되고 풍부한 영감으로 작용하지 않았을까 생각이 들었다. 예이츠뿐만 아니라 아름다운 환경

오스카 와일드 동상

에서 자연과 교감하며 성장하다 보니 아일랜드 작가들이 자연스럽게 풍부한 감성을 얻고 결국 세계적인 작품을 만들지 않았나 생각이 든다.

　다섯째 아일랜드는 친절한 국민성과 선진화된 사회 시스템이 갖춰진 나라라는 점이다. 아일랜드를 여행하면 누구라도 아일랜드 사람들이 친절이 몸에 배어 있고, 외국인에게 친밀성을 가지고 있는 민족임을 알 수 있다. 즉, 우리나라 국민이 가지고 있는 정情이 그들에게도 흐르고 있는 것이다. 여행을 하면서 내가 어려움에 처했을 때 도움을 요청하면 그들은 기꺼이 나서서 마치 자기 일처럼 앞장서 문제를 해결해 주었다. 물론 일부 그렇지 않은 사람도 있겠지만 대체로 우리의 정서와 비슷함을 느낄 수 있었다. 이런 민족성과 함께 아일랜드가 선진국임을 느낄 수 있는 부분이 사회 전반의 운영 시스템이다. 좁은 도로이지만 서로를 배려하는 그들의 시민 의식과 약자에 대한 배려를 여행 내내 느낄 수 있었고, 국가 전반의 시스템이 정직하게 작동함을 알 수 있었다.

　보름 동안 자동차 여행을 하면서 자동차 사고를 한 번도 보지 못했고, 길거리에서 운전 중 다투는 사람들은 물론이고 도로에서 경찰을 거의 보지 못했다. 나에게는 이러한 일이 기이하게만 느껴졌다. 운전자 모두가 법규를 잘 지키고 배려하며 운전하는 것이 몸에 배다 보니 가능한 일 아닐까 생각한다. 여행 중에 지키는 사람이 없는 주차장에서 머신에 자동차 주차비를 정산하고 늦은 밤에도 길거리에서 사람들끼리 실랑이하는 모습을 찾을 수 없었다. 저녁 6시 이후는 대부분의 상점이 문을 닫았고 펍이나 바, 음식점 정도가 영업하는 모습을 보며 가정을 중시하

는 그들의 건강한 삶이 느껴졌다. 그런가 하면 TV는 정말 볼 것이 없어 뉴스 정도 전하는 게 전부라고 해도 과언이 아니다.

작은 섬나라, 하지만 아직은 우리와 같이 북아일랜드(영국)와 나누어진 나라 아일랜드를 보면서 우리의 아픔을 함께 공유하고 이해할 수 있는 나라가 아닌가 싶다. 아일랜드의 지도가 우리나라의 지도를 옮겨 놓은 듯한 느낌을 주기도 하지만, 더욱 그들과 동질성(?)을 느끼게 하는 것은 그들이 살아왔던 역사적인 배경, 즉 지배받고, 탄압받은 가슴 아픈 한을 담고 있다는 점이다. 이러한 역사 가운데서 우리가 중요시하는 사람의 정이 흐르는 민족성이 움트지 않았나 생각한다. 그러면서 외모가 다를 뿐 그들에게 흐르는 피와 DNA는 마치 우리 민족에 흐르는 것과 동일할 수 있겠다는 생각마저도 들었다.

2장 °

아일랜드의 역사

1. 선사시대와 켈트족의 아일랜드

더블린에 있는 아일랜드 국립박물관을 견학하면 아일랜드가 아주 오랜 역사를 가지고 있음을 확인할 수 있다. 특히 이곳은 선사시대에서부터 현재에 이르기까지 시대별로 잘 전시하여 아일랜드 역사를 알고자

아일랜드 국립박물관

하는 방문객들에게 도움을 주고 있었다.

아일랜드는 9,500년 전까지만 해도 무인도로 존재하였다. 처음 아일랜드 땅을 밟은 사람은 당시 지도상으로 육로로 연결된 스코틀랜드의 수렵과 채집을 하는 사람들이었고, 그들 중 일부가 거주를 하면서 아일랜드의 역사가 시작되었다. 더블린 서북방에 있는 뉴그레인즈Newgrange 에는 BC 4,000년 전 신석기시대 농부와 목동들이 만든 고분 같은 석기 유적들이 남아있어 당시의 모습을 보여주고 있다. 금속문화는 BC 2,000경 유럽으로부터 전달되었는데 청동기시대의 비커Beaker라는 사람들에 의해서였다. BC 3세기경에는 중앙유럽에서 이주한 켈트족에 의해 철기 문화가 아일랜드에 전달되는 과정을 거치며 정착되고 현재까지 유물로 남아있다. 켈트족이 아일랜드에 거주하면서 아일랜드는 100여 개의 부족으로 나뉘어 있다가 커다란 규모의 부족국가가 탄생한다. 하지만 8세기 후반 들어서 켈트족의 아일랜드는 바이킹의 출현으로 새로운 전기를 맞으며 변화한다. 켈트족은 1,000년 동안 그들의 문화유산을 남겼고 특히 그들의 언어인 게일어Gaelic를 남겼다.

아일랜드의 기독교는 3~5세기 사이에 들어왔는데 아일랜드의 수호성인 성 패트릭St. Pátrick(387?~461?) 이전에도 선교사들이 아일랜드에 온 적이 있지만 아일랜드인에게 기독교를 보편화한 건 패트릭이 노력한 결과이다. 그는 수도사로 생활을 하는 중에 아일랜드를 선교하라는 사명을 받고 주교가 된 뒤 432년 아일랜드로 와서 기독교를 전파하는 역할을 한다. 그가 선교할 때 세잎 클로버를 들어 보이며 기독교의 '삼위일체론'을 설명하는 도구로 사용하였다는 일화가 전해진다. 그는 북아일랜드에 있는 아마Armagh라는 곳에 대성당을 짓고 대성당을 중심으로 전도를 하였고, 그가 온 지 채 30년이 안 되어서 아일랜드인 모두가 기독교를 종교로 받아들였다. 성 패트릭은 461년 3월 17일에 세상을 떠났고 그날을 기념하여 '세인트 패트릭 데이Saint Patrick's Day'로 지정하여 오늘날 기념을 하고 있다.

아일랜드는 기독교가 널리 보급되면서 모든 문화가 번창하는 문화의 황금시대를 맞게 된다. 당시 다른 유럽은 문화 암흑기였으나 아일랜드는 화려한 켈트 문화를 꽃피우며 번성기를 맞게 된다. 그들은 오늘날 트리니티 대학Trinity College Dublin의 올드 라이브러리Old Library에 소장되어 있는

아일랜드 글렌달록 유적지

'북 오브 켈스Book of Kells'(세계적으로 유명한 필사본 복음서)를 비롯해 우아하고 정교한 장식 사본寫本들을 만들었다. 오팔리Offaly 주에 있는 클로맥노이스Clonmacnoise와 위클로Wicklow 주에 있는 글렌달록Glendalough은 당대의 대표적인 수도원으로 당시를 이해할 수 있는 유물들이 있다.

2. 바이킹의 아일랜드 침략과 노르만 정복

8세기 후반 바이킹은 빠르고 튼튼한 배를 타고 더블린에 최초로 상륙한다. 그들의 기세와 용맹함이 대단하여 기습 공격에 능했으며 더블린의 강을 따라서 잠입 후 닥치는 대로 약탈하였다. 약탈은 주로 당시에 번성하던 수도원을 중심으로 이루어졌고 이후에는 부족들을 약탈하는 형태로 나아갔다. 바이킹의 침략과 약탈을 방어하는 수단으로 그들은 높은 원형탑을 세워 망루나 대피하는 장소로 활용하였다. 그 원형탑을 아일랜드 여행 중 곳곳에서 확인할 수 있었는데 위클로우 근방에 있는 글렌달록에 있는 수도원 원형탑이 대표적이다.

아일랜드 수도 더블린Dublin은 더브 린Dubh Linn을 어원으로 하는데 검은 연못Black Pool이라는 뜻으로 9세기에 바이킹 왕국이 세워진다. 더블린의 주변 도시로 위클로우Wicklow, 워터포드Waterford, 웩스포드Wexford 등이 만들어진다. 바이킹은 아일랜드에서 침탈만을 한 것은 아니었고 화폐주조, 배 건도 등 기술과 문화를 보급하는 역할을 하였고 물물 교역자로서 인식될 만큼 교역에 큰 기여를 하였다. 승승장구하던 바이킹족은 더블린 근교에서 당시 먼스터Munster의 왕인 브라이언 보루Brian Boru가 지휘하는 군대에 패하면서 와해한다. 이후 바이킹족은 아일랜드 사람들과 결혼을 하고 정착하여 사는가 하면 나중에는 노르만족에 합병된다.

아일랜드에 노르만족이 교두보를 만든 것은 1166년의 일이다. 이후 1169년 최초의 앵글로–노르만 군대가 웩스포드Wexford 주에 있는 '밴나우만Bannow Bay'에 상륙했고 웩스포드와 더블린를 쉽게 점령한다. 영국 왕인 헨리 2세는 가톨릭 교황으로부터 아일랜드의 지배자로 인정받으려 했고 1171년 영국의 강력한 해군을 워터포드에 상륙시켜 '왕의 도시Royal City'로 선포하게 된다. 바로 800년에 가까운 영국의 아일랜드 통치가 시작되는 출발점이다.

글렌달록 수도원 입구

아일랜드에 들어온 노르만족은 아일랜드 문화에 동화하여 차츰 자리를 잡아갔다. 언어는 게일어를 사용하고 결혼 그리고 성도 아일랜드 말로 바꾸어서 사용했다. 이런 앵글로 노르만족들이 영국의 왕으로서는 편할 리 없었다. 마침내 1366년 영국 왕은 '킬케니 성문법The Statutes of Kilkenny'을 만들어서 인종과 문화를 분리하는 정책을 취해 아일랜드인과 앵글로 노르만족과의 융합을 막고 영국 왕실 통치권을 강화하는 조치를 하였다. 하지만 이미 대세를 바꾸기에는 늦은 조치였다.

노르만족이 정착하면서 봉건제도와 중앙집권적인 행정제도를 들여왔는데 당시 이들은 성을 축조해서 광활한 농경지를 관리하는 시스템을 만들어 갔다. 기존의 씨족 중심사회에서 영주와 소작농 형태의 사회로 급속히 재편하는 상황이 만들어졌고 영주의 배를 불리는 상황이 되었다. 1250년 경에는 아일랜드의 국토 3/4이 노르만족 수중에 들어갈 정도였다.

3. 영국과 식민지배의 역사

토착 아일랜드인과 융합하여 꾸준히 세력을 만들어 가는 노르만족이 가톨릭을 중심으로 공동의 유대를 강화하자 아일랜드를 통치하던 영국은 자신들의 통제권이 약화한 느낌을 받자 새로운 방식의 통치를 시도한다. 노르만 귀족들을 대신해서 더블린에 왕의 대리인을 파견한다든가 로마 교황청과 결별을 선언하고 영국 국교회The church of England를 세우는 것 등이다.

이런 일련의 조치는 서로 충돌을 일으킬 수 있는 결과를 만들었다. 당시 주변 상황은 신교국가로 부상하는 영국을 못마땅하게 생각하는 유럽의 가톨릭 국가들이 아일랜드를 활용하여 영국 세력을 막으려던 때이다. 당시 영국의 헨리 8세는 프랑스와 스페인이 침략해 올 것을 염려해서 영국 통치권에 심각한 위협이 되었던 아일랜드의 노르만 가문 백작인 킬데어 백작을 토벌하려 하였다. 그러자 킬데어를 통치하던 백작의 아들 실큰 토마스Silken Thomas가 음모를 꾸며 더블린과 영국 수비대를 공격하였다. 이에 분노한 헨리 왕은 반란을 진압하고 토마스와 관련된 추종자를 처벌하였다. 이뿐만 아니라 킬데어 가문의 토지를 영국인 이주민들에게 무상으로 주었고 영국인 총독을 임명하기도 했다. 헨리 왕은 캐서린 왕비Catherine of Aragon와 이혼으로 관계가 불편했던 가톨릭교회의 재산 몰수하였고 아일랜드 수도원을 군대를 통해서 약탈했으며, 1541년 아일랜드 의회에서 자신을 아일랜드 왕으로 선포토록 하였다.

이러한 영국의 지배는 더욱 강화되는 분위기로 흘러 헨리 왕의 뒤를 이은 엘리자베스 1세는 더욱 강력한 왕권을 만들어 갔다. 아일랜드는 휴 오닐Hugh O'Neill이 주도한 '9년 전쟁'(1594~1603)과 1601년 4,500명의 스페인군 지원을 받은 킨세일Kinsale 전투에서 모두 영국군에 패하며 더욱 강화된 영국의 지배를 받는다.

영국은 아일랜드 수도인 더블린을 중심으로 식민지배를 강화하였고 아란Aran 섬 같은 곳까지도 대리인을 파견하여 통치할 정도에 이르렀다. 영국은 이후 아일랜드 토착민과 노르만족으로부터 엄청난 땅을 빼앗은 뒤 영국 귀족들에게 나누어주고, 그 토지를 영국과 스코틀랜드에서 건

너온 이주민들에게 임대하고, 이주민
들이 다시 아일랜드인에게 임대해서
부를 챙겼다. 스코틀랜드와 잉글랜드
의 새 지주(주로 스코틀랜드 장로교
도)인 신교도인은 토착 아일랜드인과
앵글로-노르만 가톨릭교도들과 교화
되는 일 없이 독자적으로 생활하였고,
이는 오늘날까지 얼스터 분규가 이어
지는 결과로 작용한다.

4. 영국의 아일랜드 가톨릭 핍박

아일랜드 토착민, 앵글로-노르만 가톨릭교도들과 영국 신교도들과는
1600년대 중반 잦은 충돌로 종교적 분규가 발생하고 많은 인명피해를
초래한다. 이뿐만 아니라 군대의 개입으로 대량학살이 이루어지고 많은
아일랜드인이 공포에 떨어야 했다. 공포의 대상이었던 올리버 크롬웰이
사망한 뒤 영국에서는 왕정이 회복되었고 1685년 가톨릭교도인 제임스
2세가 왕위에 오르자 아일랜드 사람들은 희망을 갖지만, 영국 신교도
들은 불만을 품는 상황이 되었다. 이런 불만은 결국 왕위가 윌리엄 왕
으로 넘어가는 상황이 되었고 제임스 2세는 프랑스로 망명한다. 그는
프랑스에서 아일랜드 망명의회를 구성하고 군대를 모아 왕위를 찾으려

고 시도한다. 마침내 제임스 2세가 이끄는 가톨릭 군대와 윌리엄의 영국 신교도 군대는 치열한 전투가 벌어지고, 윌리엄의 영국 신교도 군대의 승리로 제임스 2세는 다시 망명길에 오르는 치욕을 받는다.

이후에도 리머릭Limerick에서 치열한 전투가 이루어졌으나 그곳에서도 패하고 가톨릭 무장 군인들은 아일랜드 땅을 떠나야 하는 수모를 겪는다. 당시에 가톨릭교도들의 토지 점유율은 1/7 이하로 줄었고 더욱 심한 핍박으로 이어진다. 1695년에는 새로운 '형법The Penal Laws'이 발효되어 가톨릭교도들의 토지소유를 금하고 공직 취업이 금지되었으며 일부 지

리머릭 도심에 있는 미첼 호간
(Michael Hogan)

역에서는 아일랜드의 문화, 음악, 그리고 교육이 금지되기도 하였다.

일부 남아 있던 아일랜드 가톨릭교도들의 땅도 신교도의 수중으로 넘어갔고 가톨릭교도들은 가난에 고통을 받으며 비참한 소작인으로 생활하는 상황이 되었다. 아일랜드 사람 일부가 계급적인 특권과 토지소유를 위해서 개신교로 개종하는 상황마저 발생할 정도였다. 18세기까지 대부분의 토지는 신교도들의 손으로 넘어갔고 아주 적은 토지만이 가톨릭교도들이 소유하는 상황이 되었다.

킬캐니의 가톨릭 상징 성당

5. 근대의 역사(독립의 역사)

근세에 들어서 아일랜드는 자치론에 대한 희망의 불씨를 불사르고 기회를 넘보는 상황이었다. 영국 정부에 대한 불신이 깊은 상황에서 사태를 지켜보자는 신중론도 있었지만 급진적인 생각을 바탕으로 하는 혁명적인 행동을 하자는 의견이 우세하였다. 아일랜드 의용군과 시민군이 거국적인 반란을 계획하고 1916년 부활절 월요일에 더블린 시내의 오코넬 거리에 있는 중앙우체국을 본부로 삼고 시내의 몇 곳을 거점으로 부활절 봉기를 시도한다. 우체국 계단에서 그들은 행인을 향하여 아일랜드는 공화국이고 자신들이 임시정부를 구성한다는 선언문을 낭독한다. 이런 일이 있고 일주일도 안 되어 선동을 이끌었던 반란군들은 영국군에 항복하고 감옥으로 이송되었다. 그리고 봉기에 가담한 가담자 77명 중 15명이 처형되었고 핵심 주동자인 피어스가 항복 후 3일 만에 총살당하는 일이 벌어졌다. 코놀리라는 주동자는 발목부상으로 의자에 묶인 채 마지막으로 9일째 처형을 당하는 상황이 생겼다.

이런 처참한 처형을 지켜본 국내외 여론은 동정여론이 우세하게 되었고 아일랜드 국민 전체에도 큰 영향을 주면서 봉기를 주도한 그들에게 지지 여론이 형성된다. 봉기에 가담한 카운티스 마키에비치Countess Markievicz(1868~1927)는 여성이라는 이유로 처형을 면했고, 에이먼 데 벌레라Eamon De Valera(1882~1975)는 미국 시민권자라 사형에서 종신형으로 감형된 뒤 1917년 사면, 석방되었다. 부활절 봉기로 인한 국내외 여론

코브항을 통해 이민을 떠나는 아일랜드 사람들

이 바뀌는 등 정세가 변하면서 1차 세계대전이 끝나갈 즈음인 1918년 아일랜드의 자치를 희망하는 '신페인당Sinn Fein(우리 스스로의 힘으로)'이 다수의석을 차지하게 되었다.

당시 많은 사람들이 퇴역 군인으로 부활절 봉기에 가담하였으며 벌레라의 지휘하에 더블린에 최초의 아일랜드 의회를 구성하고 아일랜드가 독립국임을 선포했다. 시간이 지나며 아일랜드 의용군은 공화군이 되었고 아일랜드의 의회는 그들이 영군군과 싸우는 것을 허가하는 역할을 했다.

1919년 1월 21일 더블린에서 아일랜드 의회가 개원하는 당일 티퍼레리 주에서 의용군에 영국 경찰관이 목숨을 잃는 상황이 벌어지고 2년 반 동안 영국-아일랜드 전쟁이 시작되었다. 전쟁은 반란군의 공격과 영국군의 보복과 응징으로 이어지는 게릴라전의 양상을 보였다.

아일랜드 반란군을 진압하는 영국 정규군은 퇴역 군인들로 구성된 특별 경찰로 강압적인 방법으로 구타와 살인을 자행하고 심지어 아일랜드 전역을 약탈하고 1920년 12월에는 아일랜드의 제2 도시 코크시를 방화하는 등 만행을 저질렀다. 이런 상황은 민중을 분노하게 하였고 독립을 더욱 자극하는 계가 되었다. 본격적인 교전과 내전은 영국군에게 많은 타격을 주었고 1921년 7월 휴전이 이루어진다. 휴전 후 런던에서 몇 달간 끈질긴 협상을 벌인 끝에 1921년 12월 6일, 아일랜드 대표단은 '앵글로-아이리시 조약The Anglo-Irish Treaty'에 서명했다. 이 조약은 남부의 26개 주의 독립을 허용하고, 북부 신교 지역인 얼스터 6개 주는 독립으로부터 탈퇴할 수 있는 권한을 준다는 내용이다.

이후에도 조약에 만족하지 못하는 상반된 의견이 팽팽하게 맞서 완전한 독립을 위한 내란이 이어졌다. 내란은 1923년 종결되고 1932년에 총선에서 부활절 봉기의 일원이었던 벌레라가 이끄는 아일랜드 공화당이 승리한다. 벌레라는 그 후 총리와 대통령으로 아일랜드의 초석을 닦는다.

6. 감자 대기근

감자는 세계에서 네 번째로 많이 생산되는 곡물이다. 원산지는 남미 안데스 지역인 페루와 북부 볼리비아로 주로 온대 지방에서 재배하고 있는 작물이다. 감자는 척박한 환경에서도 잘 자라 아일랜드에서 식량을 대신할 수 있는 작물로 활용되었다. 감자는 1590년경에 아일랜드에 도입되었으며 감자 재배는 매우 성공적이었다. 습하고 온화한 아일랜드의 기후가 감자의 성장에 적당했고, 감자는 아주 척박한 땅에서도 재배할 수 있었기 때문이다. 당시 감자는 사람과 동물 모두를 위한 식량으로 사용되었다. 1800년대 중반에는 전체 경작지의 3분의 1을 감자 재배에 이용하고 있었으며 감자 재배의 3분의 2는 사람이 소비했다. 평범한 아일랜드 남자들은 매일 감자를 먹었으며, 그 외의 다른 식품은 그때의 상황에서는 먹을 수 없을 정도로 식량에 어려움이 있었다. 수많은 사람들이 식생활을 감자에 의존하고 있었기 때문에 감자 재배와 수확에 문제가 발생하면 심각한 문제가 발생할 수 있는 상황이었다.

1845년 아일랜드는 감자 흉년으로 식량수급에 큰 어려움을 겪게 되면서 1847년부터 1851년까지 아일랜드 사람들 다수가 기아로 사망을 하게 된다. 대기근 당시 300만 명 이상의 아일랜드 사람들이 식량을 감자에 의존하였고 감자 흉작의 원인은 감자병이었다. 1845년 감자 생산은 50% 이상 감소했고, 1846년에는 경작지의 3/4에 달하는 감자밭이 황폐해졌다. 1847년 농사는 다소 회복되었으나 경작 면적이 작아서 총 수확량은 미미한 수준이었고, 1848년 감자 농사가 다시 악화되는 상황

In February 1847, Cork artist **James O'Mahony** (1810-79) was commissioned by the *Illustrated London News* to visually report on conditions in West Cork. His illustrations awakened the British middle-classes to the dreadful reality of a famine raged Ireland. This in turn promoted a wave of generosity from the British public in early 1847. O'Mahony also took notes on his assignment, describing the misery he encountered.

Mother in Clonakilty begging for money to buy a coffin to bury her dead child

"We came to Clonakilty....and here for the first time the horrors of the poverty became visible.... Amongst them was a woman carrying in her arms the corpse of a fine child and making the most distressing appeal..."
(Illustrated London News, Feb 1847)

감자 대기근을 보여주는 사진

이 되었다.

　로버트 필의 보수당 정부는 재앙의 초기에 인도로부터 곡물을 수입하여 이 사태에 대응했고 어느 정도 성공을 거두었다. 그러나 필의 내각은 1846년 물러나고 교조적인 휘그 내각이 들어서게 되었다. 휘그는 처음에 광범위한 공공사업 계획을 펼쳤지만, 이 정책은 1847년 포기하였다. 1847년 일시적으로 경작이 회복되자, 휘그 행정부는 위기 상황이 끝났다고 보고 자유방임주의에 입각해 모든 구호 계획을 폐지해 버린다. 아일랜드 사람들은 식량부족 사태 때 영국 정부가 취한 미온적인 태도에 지금까지 안 좋은 감정이 남아있을 정도이다. 영국 정부의 자유방임주의적 정책으로 인해 당시 100만명에 달하는 아일랜드인 사망자가 발생했을 만큼 지금도 아일랜드의 역사 속에 큰 아픔으로 남아있는 사건이다.

　큰 아픔의 사건이었던 만큼 수도 더블린에는 감자 대기근의 아픔을 잊지 말자는 동상이 도심 한가운데 자리 잡고 있다. 더블린 외에도 아일랜드 곳곳에 감자 대기근에 역사를 곳곳에서 확인할 수 있으며 그것을 잘 보존하고 있는 현장이 많다.

　당시 아일랜드인들은 기아에서 벗어나기 위해 대기근 중 100만 명이 이민을 떠났으며, 그 후 10년간 100만 명이 넘는 사람들이 계속 이민을 갔다. 따라서 더블린과 벨파스트를 제외한 모든 곳의 인구가 줄어들었다. 대다수의 이민자들이 택한 나라는 미국이었고 캐나다, 호주, 뉴질랜드로도 많이 떠났다.

대기근은 아일랜드 역사에서 하나의 분수령을 이루었는데, 이 사건 이후 아일랜드 사람들은 잉글랜드에 대해 강한 적개심을 품게 되었다. 특히 기아로 인한 사망자가 대량으로 발생하는 상황에서도 대기근 5년(1845~1849) 동안에도 아일랜드에서 잉글랜드로의 곡물 순 수출량이 많았다는 점에 대해 아일랜드인들은 분개했다. 이런 감정은 19세기 후반 아일랜드 독립의 열망을 부채질했고, 20세기에 실현된 아일랜드 독립의 밑바탕이 되었다.

7. 아일랜드 이민의 역사

18세기가 시작되면서부터 영국과 미국으로 이주하는 아일랜드 사람들이 적지만 꾸준히 있어 왔다. 하지만 1845년 감자 잎마름병으로 감자 재배에 문제가 생겼고 그해 겨울이 지나자, 해외로 이주가 급물살을 이룬다. 1850년에는 뉴욕에 거주하는 사람들 중 26퍼센트가 아일랜드 사람이었으며, 뉴욕에 있는 아일랜드계 사람이 아일랜드의 수도인 더블린에 있는 아일랜드 사람보다 더 많았다고 할 정도이다.

기근이 든 6년(1845~1850) 동안 5,000척의 배가 대서양을 건너는 5,000킬로미터의 위험한 항해에 올랐으며 그중에는 낡은 배들도 많았다. 일부 배들은 이전에 노예 수송선으로 사용하던 것으로 밀실 공포증을 일으킬 정도로 열악한 실내 공간은 그대로였다. 위생 시설이라고는 찾아볼 수 없었으며, 배급되는 최소한의 식량으로 연명해야만 했다.

배에 타고 있던 수많은 이주민들은 그렇지 않아도 기근으로 허약해져 있던 터라 병에 걸리며 많은 사람이 항해 중에 사망하였다. 1847년에 캐나다로 향했던 배들은 '떠다니는 관'이라고 불렀을 정도였다. 캐나다행 배에 탔던 약 10만 명의 이주민 중에 16,000여 명이 항해 도중이나 캐나다에 도착한 지 얼마 안 되어 사망하였다. 아일랜드에 있는 친구들과 친족들에게 보낸 편지를 통해 이러한 위험한 상황이 알려졌지만, 이민자 수는 줄지 않았다.

당시 몇몇 지주들은 자신의 소작인이었던 사람들을 도와주기도 하였는데 일례로 한 지주는 세 척의 배를 전세 내서 자신의 소작인이었던 많은 사람들이 이주하도록 도왔다. 하지만 대부분의 이주민들은 뱃삯을 구하기 위해 애를 써야 하였고, 가족 중에 한두 사람 정도만 떠날 수 있는 형편이었다. 아마도 다시는 서로 못 보게 될 수많은 가족이 부둣가에서 작별 인사를 나누면서 얼마나 가슴 아파했을지 상상해 보면 시간이 지났다고 지워질 수 있는 아픔은 아닐 것이 확실하다.

여행 중 이민의 현장이라고 할 수 있었던 아일랜드의 제2 도시에 있는 타이타닉호의 마지막 기항지인 코브항에서 이민의 역사, 150년 남짓 사이에 300만이 넘는 인구가 코브항을 떠나 이민에 오른 현장과 당시 사진을 보니 그들의 아픔이 얼마나 더 컸을지 더욱 가슴에 와 닿았다.

CHUAIGH NÍOS MÓ NÁ 3 MHILLIÚN AR IMIRCE Ó CHÓBH CHORCAÍ IDIR

1815-1970

OVER 3 MILLION EMIGRATED from QUEENSTOWN

연이은 두 번의 감자 흉작과 집단 이주로 국가 인구수가 크게 줄어든 아일랜드 사람들은 또 한 번 끔찍한 재난에 직면하는데 이번에는 질병이 닥친다. 장티푸스, 이질, 괴혈병이 또다시 사람들의 목숨을 앗아 갔다. 생존자들 중 많은 사람들은 상황이 이보다 더 나빠질 수는 없을 거라고 생각했지만, 그것은 잘못된 생각이었다. 1847년의 풍작에 고무된

농부들은 1848년에 감자 재배 면적을 세 배로 늘렸으나 그해 여름에 비가 아주 많이 내려 또다시 감자잎마름병이 돌았다. 네 번의 농사철 중에 세 번째로 흉작이 든 것이다. 정부기관과 자선 단체들도 구호의 한계에 부닥쳤다. 이듬해인 1849년에 전염병인 콜레라가 돌아 36,000명이 더 목숨을 잃는 상황이 되었다.

이듬해에는 감자의 작황이 좋아 상황이 개선되었고, 정부는 기근 때문에 발생한 부채를 모두 탕감해 주는 새로운 법안을 제정하며 줄어들기만 했던 인구도 다시 늘기 시작하였다. 미국의 이민

존 F. 케네디

자 중에서 국가별로 보면 3,500여만 명이 넘는 인구가 아일랜드계라고 한다. 단일 국가로는 독일 다음으로 많은 이민자의 나라이다. 우리가 잘 알고 있는 미국의 대통령이었던 존 F. 케네디와 포드 자동차 설립자인 헨리 포드는 기근 때문에 아일랜드에서 배를 타고 이주한 아일랜드 직계 후손이다.

죽음과 이주로 얼룩진 이 슬픈 역사의 주된 원인은 물론 거듭된 감자 흉작이었다. 아일랜드 사람들은 지금도 과거의 아픈 역사를 가지고 미국, 캐나다, 호주, 뉴질랜드에서 성공적인 이민의 역사를 만들어 가며, 이제는 조국 아일랜드를 찾는 효자로 자리를 잡고 있는 상황이다. 시련과 아픔은 고통만을 주는 것이 아니고 그것을 통해서 성장하고 발전하는 밑거름이 되기도 한다는 역사적 입증이다.

8. 현대의 아일랜드

아일랜드는 1949년 영연방에서 탈퇴하고 계속해서 빠져나가는 이민자를 막아 보고자 하던 정책의 결실이 1960년대 중엽에 이르러서 나타난다. 그즈음부터 이민자 수가 절반 이하로 줄어들고 이민을 갔던 이민자가 역이민하는 상황이 되었다. 중등교육을 무료로 실시하고 아일랜드 방송국도 설치했으며 1963년에는 아일랜드계 이민자의 증손자인 케네디Kennedy 대통령이 아일랜드를 방문해 민족적인 자긍심을 갖는 계기가 되었다.

1972년 EU의 회원국이 되었고 이를 바탕으로 경제적인 발전의 기회

Passengers waiting to board tenders beside the White Star Line offices in Queenstown.

이민을 떠나려는 아일랜드 사람들

를 만들 수 있었으나 1980년대 초에는 경제가 어려워지는 상황이 되자 많은 수의 국민이 이민을 떠나는 상황이 되었다. 1990년대 아일랜드는 회복을 하는 과정을 거쳐 유럽에서 내실 있는 경제 성장을 이루는 국가가 되었다. 1990년 당시 변호사 출신인 메리 로빈슨_{Mary Robinson}이 대통령으로 당선되어 각종 제도를 현대화하는 노력을 기울였다. 1997년 매컬리스_{Mary McAleese}가 대통령이 되었는데 그녀는 오랫동안 대통령을 하면서 사회문제에 대해서 관용적인 입장을 견지했다. 매컬리스의 개방 정책은 반대표를 던진 사람들까지도 끌어들이는 효과를 가져오며 지금 매컬리스는 아일랜드에서 '국민의 대통령'으로 추앙받고 있다. 현재는 마이틀 대니얼 히긴스(2011~현재)가 대통령으로 재임하고 있다.

아일랜드 여행 준비하기 ①

비행기 예약과 여행 일정 확정하기

현재 우리나라에서 아일랜드를 패키지 여행으로 갈 수 있는 여행사는 몇 곳이 없고, 있다고 하더라도 제대로 된 여행을 하기에는 많은 아쉬움이 있다. 아일랜드가 여행지로 소개되기 시작한 것이 얼마 되지 않았고 아일랜드를 소개하는 책자도 많지 않은 현실이기 때문이다.

나 역시도 음악이라는 측면에서 아일랜드를 공부하기에는 너무 자료가 없었고 대부분 외국에서 자료를 받아 정보를 얻었다. 아일랜드는 우리나라(남한) 크기보다 약간 작은 나라이기에 일정을 잡는 것이 무엇보다 중요했다. 유럽의 다른 나라는 대도시와 여행지가 함께 묶여서 한 곳에서 여행을 오래 하더라도 지루하지 않게 시간을 보낼 수 있지만, 아일랜드는 대도시인 더블린이라는 도시를 여행한다고 치면 3일 정도면 충분하고, 2일 정도면 웬만큼 볼 수 있는 일정이다. 그러므로 아일랜드 여행 계획을 하고 있다면 먼저 여행 일정을 꼼꼼하게 정해야 한다. 외국에서 발행된 책자의 여행 일정을 살펴보면 북아일랜드를 포함해서 아일랜드 전체를 4개 지역으로 나누어 여행하는 것으로 정리되어 있다.

- 벨페스트Belfast 지역을 중심으로 한 북부 지역
- 골웨이Galway 지역을 중심으로 한 서쪽 지역
- 코크Cork 지역을 중심으로 한 남쪽 지역
- 더블린Dublin 지역을 중심으로 한 동쪽 지역

더블린에서 출발해서 전 지역을 여행하고 싶다면 자동차를 렌트하고 15일 정도면 가능하다. 나는 15일 여행을 하면서 벨페스트와 북쪽을 제외한 아일랜드 전 지역을 음악과 여행으로 그중에서도 아일랜드 펍을 중심으로 여유 있는 여행을 했다. 여행 총 운전 거리는 2,300Km 정도였다.

위의 4개 구역을 각각 본다면 5일 정도씩 일정(총20일)을 잡으면 충분히 여행할 수 있는 시간이고 나는 10일 혹은 7일 정도가 아일랜드를 여행하기 적당하지 않을까 생각이 든다.

10일 여행 일정이라면

더블린 2일 ⋯→ 슬라이고, 골웨이 & 코네마라 국립공원, 모허의 절벽 3일 ⋯→ 킬라니, 링오브케리, 딩클 2일 ⋯→ 코크, 코브지역, 킬케니, 위클로우지역, 더블린 인근 3일 이다.

7일 여행 일정이라면

더블린 2일 ⋯→ 골웨이, 코네마라 국립공원, 모허의 절벽 2일 ⋯→ 킬라니, 링오브케리, 딩클 2일 ⋯→ 코크 1일 을 추천하고 싶다.

물론 여행자가 문학적인 관점, 음악적 관점, 자연을 보기 위한 힐링여행 등 어디에 중점을 두느냐에 따라 변경될 수 있다.

아일랜드 여행 시즌을 구분하면

피크 시즌(Pick Season): 6월부터 9월 중순까지

성수기와 비성수기 시즌(Shoulder Season): 4월~5월, 9월 중순~10월

비수기 시즌(Low Season): 11월~2월

여행 예산(하루 비용, 인당)은 참고로 3가지로 구분할 수 있을 것 같다.

저가 여행(60유로 이하):　　호스텔 12인 룸(12~20유로), 식사비(6~12
　　　　　　　　　　　　유로/한끼당)

중가 여행(60~120유로):　　더블룸, B&B(80~180유로, 도심은+α), 식사
　　　　　　　　　　　　비(12~25유로/한끼당), 자동차 렌트(25~45
　　　　　　　　　　　　유로/1일)

고가여행(120유로 이상):　　4성급호텔(150유로 이상), 3가지 코스요리
　　　　　　　　　　　　(50유로 이상), 골프….

항공권은 6개월 전에 예약하면 저렴하게 구입할 수 있는데 우리나라에서 더블린으로 가는 직항은 현재 없는 상태이고, 네덜란드 암스테르담이나 영국의 런던을 거쳐 아일랜드 더블린으로 갈 수 있다. 물론 유럽 여러 나라에서 더블린으로 갈 수 있음을 참고하길 바란다. 항공료가 싼 티켓을 구입했을 때는 대부분 비행 일정을 변경할 수 없는 조건

이 있다고 보면 된다. 날짜가 확정된 항공권을 만약 날짜 변경해야 하는 경우는 20만원 상당의 비용을 더 지불해야 함을 참고하길 바란다. 그리고 혼자 긴 여행을 하는 경우 가능하면 여행자보험에 가입하여 유사시를 대비하길 바란다. 그리고 긴급하게 도움을 받아야 하는 상황이 있을 때 연락할 한국 대사관 연락처도 메모해두는 것도 필요하다.

보름 동안 동고동락을 한 렌터카

3장

혼이 담긴 아일랜드 전통음악

미국 백인 음악인 컨트리음악의 뿌리인 아일랜드의 전통음악은 모두 아일랜드 포크음악의 한 장르이다. 아일랜드를 여행하면서 접하는 펍에서의 음악이 아일랜드를 소개하는 음악으로 이해하면 될 것 같다. 나는 아일랜드라는 나라를 음악적인 측면에서 이해하고 문화를 알고 싶어서 여행을 기획하게 되었고 그들의 음악을 오래전부터 관심을 가지고 듣고 있었다. 내가 아일랜드 펍Pub과 음악상Music Store을 돌아다니며 느낀 것 중 하나는 전 세계에서 이들만큼 음악과 함께 살아가는 국민도 없을 것

이라는 사실이다. 앞서도 언급했듯이 하프Harp가 아일랜드의 상징이라는 것만 봐도 이들의 음악에 대한 열정과 사랑을 짐작할 수 있다.

1905년 〈아이리시 음악의 역사A History of Irish Music〉를 쓴 그라탄 플러드라는 작가는 아일랜드 음악에 사용하는 악기는 "최소한 열 개는 된다"고 말할 정도로 다양한 악기를 사용해서 연주하는 것도 아이리시 음악의 특징이다. 나 자신이 아일랜드 음악을 분석하고, 그들의 음악을 이해하려고 많은 펍에서 그들의 연주를 들었는데 한 번도 같은 악기 구성을 본 적이 없을 정도다. 작게는 2명에서 많게는 6~7명의 연주자가 모여서 연주를 하면 연주할 때마다 악기의 조화가 다양했다. 그러다 보니 하모니 측면에서 정말 다양한 느낌을 얻을 수 있었다.

아일랜드 사람들이 다른 민족보다 음악을 좋아하고 발전시킬 수 있었던 것은 환경적인 요소가 많이 작용했다. 아일랜드는 18~19세기에 음악적으로 많은 발전을 이루는데 이 당시 아일랜드는 농경사회로서 외부의 큰 영향 없이 구전되어 온 음악을 그들 생활에 잘 보존 발전시킨 게 음악 발전에 영향을 미친 것으로 보인다. 급격한 산업의 발전으로 많은 변화가 있었던 다른 유럽국가들과는 달리 아일랜드는 이러한 변화를 겪지 않았던 것이다. 무엇보다 그들의 악기에 구성을 알면 아일랜드 음악에 대한 이해가 깊어질 수 있다. 아일랜드 전통음악에 사용된 악기들은 역사가 수백 년 전으로 거슬러 올라간다. 피들Fiddle, 틴휘슬Tin whistle, 플루트flute 및 일리언파이프Uilleann pipes가 그렇다. 아코디언accordion과 콘서티나concertina와 같은 악기는 19세기 후반 아일랜드 전통음악에 등장했다. 1920년대 미국의 음악가들에 의해 처음으로 사용된 4현 테너 밴조는 아일랜드 전통음악 악기처럼 오늘날 사용되고 있는가 하면 기타는 20세기에 사용되기 시작하여 현재는 아일랜드 전통음악 연주에 핵심이 되어있다. 우리에게는 생소한 부추키bouzouki라는 악기는 1960년대 후반에 전통적인 아이리시 악기로 연주되고 있다. 드럼을 나타내는 단어 보드란bodhrán은 17세기에 처음 등장한 악기이며 전통적으로 활용된 하프는 18세기 후반부터 사용되지 않다가 2세기 중반에 맥픽케McPeake 가족에 의해 다시 사용되고 아일랜드 전통음악에서 켈트 후손임을 입증하는 악기 역할을 하고 있다.

1. 아일랜드 전통악기

아이리시 음악에 사용되는 악기 중에 첫 번째 대표하는 악기가 피들이다.

전통적인 아이리쉬 음악에서 가장 중요한 악기 중 하나인 피들(또는 바이올린)은 다양한 지역에서 다양한 스타일로 연주되는 악기다. 가장 잘 알려진 피들 악기를 사용하는 지역은 딩클Donegal, 슬라이고Sligo, 슬리아 루아라_{Sliabh Luachra} 및 클레어_{Clare} 지역이다.

아일랜드의 피들 연주는 미국에 그대로 전달되었고 미국에서도 아일랜드의 피들 음악이 블루그래스 음악, 컨트리 음악의 기본을 이룰 정도로 널리 소개된 악기이다. 피들은 바이올린으로 연주할 때 빠른 주법으로 흥을 돋우고 즐거움을 만드는 중요한 아일랜드 전통 음악 악기로 자리를 잡고 있다. 내가 펍에서 아이리시 음악을 들을 때 거의 빠지지 않는 악기가 피들이었다. 일반적으로 아이리시 음악이 슬프고 처지는 음악으로 이해를 하고 있는데 그것을 불식시키는 악기가 피들이다.

피들

두 번째로 틴휘슬과 로우휘슬(아래 사진에서 오른쪽 큰 휘슬) 역시 아일랜드 음악에서 빼놓을 수 없는 악기이다. 우리가 상식적으로 알고 있는 플루트는 금속으로 된 악기로 알고 있었는데 아일랜드 음악에서 사용하는 플루트는 나무로 만들어 사용한다. 틴휘슬은 영화 타이타닉에서 들을 수 있듯이 구성지고 높은음을 내는 악기이다. 틴휘슬은 금속으로 만들어 금속 휘슬이라고도 하며 19세기 영국의 맨체스터에서

아이리시 플루트   휘슬

주석으로 대량 생산한 악기로 아일랜드 학생들이 학교에서 정규교과로 배우는 악기라고 할 정도로 아일랜드 음악을 대표한다.

세 번째 악기는 일리언 파이프_{Uilleann pipes}이다. 우리가 널리 알고 있는 스코틀랜드의 백파이프라는 악기와 비슷한 음을 내는데 이 악기는 입으로 바람을 불어 넣는 백파이프와 달리 팔로 바람을 불어넣어 연주하는 방식이다.

일리언파이프(Half set)　　　　일리언파이프(Practice set)

일리언 파이프는 7년을 공부하고, 7년은 연습하고, 나머지 7년은 연주를 해야 마스터할 수 있는 악기라고 한다. 일리언 파이프가 개발된 역사는 18세기 초로 영국과 아일랜드 환경에서 사용되었다. 일리언 파이프는 백파이프 중에서 가장 복잡한 형태의 백파이프로 팔과 옆구리에 끼고 바람을 보내 음을 만드는 악기인데 두 옥타브 정도의 음을 내는 악기로 내가 펍에서 들을 때 고음의 소리를 강하게 내어 듣는 이에게 강하게 어필하는 악기였다.

네 번째 악기로 아일랜드의 상징인 하프_{harp}를 들 수 있다. 아일랜드

맥주인 기네스 맥주의 로고이기도 한 하프는 오래전 10세기부터 연주된 악기이다. 고대에 하프 연주자는 크게 존경받았으며 당시 시인, 서기관과 함께 높은 지위에 있는 사람과 대등한 위치를 부여받았다고 한다. 아마도 오늘날 하프 연주의 권위자로 가장 잘 알려진 사람은 아일랜드의 비공식 국가 작곡가로 맹인인 18세기 하프 연주자 카로안Carolan이다. 하프는 귀족음악 악기로 당시에는 많은 관심과 영예를 누렸다.

다섯 번째 악기로 아코디언Accordion과 콘서티나Concertina를 들 수 있다. 많은 사람들이 아코디언을 스페인이나 남미 음악에 친숙한 악기로 이해하고 있는데, 아일랜드 음악에서 중요한 위치를 차지하는 악기가 어코디언Accordion과 콘서티나Concertina이다.

어코디언은 현대 아이리시 음악에서 주요한 부분을 차지하고 있고, 19세기 후반에 빠르게 아일랜드 음악에 사용되었다. 현대 아일랜드 아코디언 연주자는 2열 버튼 아코디언을 사용하

아코디언

고 미국이나 유럽에서 사용하는 방식과는 약간 다른 튜닝법을 사용하여 연주한다.

콘서티나는 여러 가지 모양으로 제작하고 있는데 아일랜드 전통음악에서 가장 일반적인 형태가 앵글로 시스템을 사용하고 있다. 제작을 어떻게 하고, 연주 기법에 따라 많이 다르게 이용되고 있다. 앵글로 시스템의 가장 구별되는 특징은 콘

1920년경에 휘스톤(Wheatstone)이 만든 콘서티나

서티나 중앙에 있는 풀무 같은 주름이 눌릴 때와 늘어날 때마다 버튼이 다른 음을 낸다는 것이다. 6각형으로 된(손으로 작동하는) 송풍장치가 2개의 판 사이에 고정되어 있으며 그 판에는 회전 소켓 안의 리드, 공기조절 밸브, 손가락 버튼 등이 부착되어 있다. 공기조절 밸브와 손가락 버튼을 사용하여 리드로 들어가는 공기를 조절한다. 강철 또는 청동 리드 울림판들이 나사판에 의해 각각 청동틀에 부착되어 있다. 콘서티나는 1쌍의 리드에 의해 소리를 내는 더블액션을 사용하여 하나는 송풍기에서 바람이 들어올 때, 다른 하나는 송풍기로 바람이 나갈 때 소리를 내게 된다. 최초의 보편적인 모델에서는 반음계를 두 손이 나누어 담당하도록 하였지만 2중 콘서티나와 같은 후대의 모델에서는 각 손이 반음계를 연주할 수 있도록 설계되어 있다.

여섯 번째 등장하는 악기로 밴조Banjo를 꼽을 수 있다.

1619~1960년 사이에 아프리카에서 노예선을 타고 온 흑인 악기로 처음 미국에 흘러들어 왔을 때 2~3현으로 구성된 것이 시간이 흐르며

4현으로 초기 단계의 밴조가 되었다. 1750~1830년대 당시는 밴조라는 이름으로 불리지 않았고 지역에 따라, 사람마다 각기 다르게 불렸다.

미국을 여행 중인 프랑스 상인은 밴자Banjza, 반자Banja로 명명하였고, 다른 기록에는 Bangoe, Banjie ,Banshaw라고 명시되어 있다.

흑인 노예들이 사용하던 밴조와 댄스, 그리고 합창을 유심히 지켜본 당시의 백인 포크음악가들이 민스트럴Minstrel이라는 형태(흑인 분장을 한 백인 포크 연주)를 창조 개발하는 과정에서 2~3현의 악기가 4현으로 변하게 되었다. 현재 아일랜드에서 사용되는 밴조는 4현이며 미국의 블루그래스에서는 5현 밴조를 사용하고 있다. 6현 밴조도 있는데 이 악기는 기타와 같은 형태로 연주되고

밴조

있다. 아일랜드에서 미국으로 갔던 많은 이민자 중에서 일부가 미국에서 돌아오면서 아일랜드로 가져와 아일랜드 음악 악기로 사용되었다.

일곱 번째 악기는 만돌린Mandolin이다.

만돌린의 여러 특징 중 가장 눈에 띄는 것은 몸통의 생김새이다. 이러한 특징은 악기의 이름에서도 잘 나타나는데, '만돌린Mandolin'이란 단어는 이탈리아어로 '아몬드' 또는 '아몬드 모양'을 의미하는 '만돌라mandorla'에서 유래한 것으로 보인다. 이처럼 아몬드를 닮은 만돌린의 몸통은 서양

만돌린

배pear 혹은 눈물방울 모양으로도 묘사된다. 실제로 뒷부분이 불룩하게 나온 만돌린의 몸통은 서양 배를 반으로 갈라놓은 모습과 유사하다. 만돌린은 아일랜드 전통음악을 하는 사람들에게는 평범한 악기로 취급받는 면이 있는데 피들의 음과 만돌린의 음이 중복되어 그러는 경향이 있다.

아일랜드 음악은 그들이 필요로 한다면 세계의 어떤 악기들도 그들의 음악에 녹여내어 사용되었다. 만돌린도 그런 경우로 둥근 모양의 만돌린이 우리가 알고 있는 것이지만 울림판이 기타와 같은 형태의 변형된 만돌린을 사용했다.

기타는 아일랜드의 전통악기는 아니지만 현대에 들어오면서 모든 아일랜드 전통음악연주의 기본 악기로 사용되고 있다. 내가 많은 아일랜드 펍에서 연주를 들으면서 느낀 공통점은 아일랜드 음악을 하는 밴드마다 기타를 기본 악기로 구성한다는 점이다. 기존의 전통적 악기 구성에서 기타의 역할을 해줄 수 있는 악기가 없었던 것 같다. 현대 아일랜드 음악에서 기타의 비중은 커지고 있다는 느낌이다. 기타의 역할을 좀 더 구체적으로 표현한다면

기타

이상적인 기타 연주자는 리듬과 템포보다는 멜로디를 따라가는 연주를 한다고 보면 될 것이다.

아홉 번째 아일랜드 음악 악기는 부추키bouzouki이다.

부추키는 만돌린 형태의 라운드 백 몸체와 긴 네크를 가진 겹줄 3~4 코스의 현악기이다. 튜닝은 기타의 1~4번 줄을 한 음 낮게 한 것으로 5도 조현의 만돌린과는 다르다. 부추키는 그리스가 기나긴 터키의 지배

부추키

에서 독립할 때, 이민으로 유입된 터키 출신 그리스인들이 만든 악기(터키나 시리아, 이라크 북부의 현악기인 bozoq가 부추키의 유래), 백라마baglama라는 작은 부추키 모양의 현악기와 함께 연주되었던 악기를 아일랜드 사람들이 그들의 전통음악의 한 부분을 담당하는 악기로 사용하였다. 아일랜드 부추키는 그리스 부추키의 둥근 울림통 대신에 평평하거나 가볍게 아치형으로 뒤를 만들어서 사용하는 것이 특징이다.

열 번째가 바우런bodhrán이라는 타악기이다.

아일랜드의 대표적 전통 타악기인 바우런Bodhrán은 아일랜드뿐만 아니라 스코틀랜드를 비롯한 켈트 문화권 전역에서 널리 연주되는 악기이다. 게일어(아일랜드어)로 '바우런'이라고 발음하며, 영어식으로는 '보드란'이라 발음하기도 한다. '바우런'이란 단어가 가죽 쟁반을 의미한다는 주장도 있지만, '둔한', '귀가 먹은' 또는 '감각이 없는'이라는 뜻의 게일어 'Bodhar'에서 파생된 것으로 보는 견해가 가장 일반적이다. 바우런은 금속 물체가 없는 탬버린과 유사하며, 실제로 '가

바우런과 북채

난한 사람의 탬버린poor man's tambourine'이라 부르기도 했다.

바우런은 북면이 하나인 얇은 북으로, 대개 염소 가죽을 단단한 원형의 나무 틀에 팽팽하게 못으로 고정하여 만든다. 악기의 크기는 매우 다양한데, 대부분은 지름이 35~45cm, 높이가 10~20cm 사이이다. 일반적으로 길이 20cm 정도의 짧은 북채를 이용해 북면을 쳐서 연주하며, 가끔은 틀을 쳐서 연주하기도 한다.

바우런은 17세기 이래로 민속의식이나 축제에서 꾸준히 연주되는 악기이지만, 오랜 세월 동안 음악적 의미에서 진정한 악기로 인정받지는 못했다. 그러나 1960년대에 이르러 아일랜드 전통음악이 부활하면서, 중요한 전통악기로 인식되며 큰 인기를 누렸다. 또한 1970년대에는 음높이 조절이 가능한 튜너블 바우런Tunable bodhrán이 등장하여 현대 바우런 연주기법의 발전에 중요한 역할을 하였다. 20세기 말에 바우런은 아일랜드 전통음악 연주에서 더 중요한 역할을 하게 되었으며, 이를 증명하듯 전통음악을 연주하는 그룹에는 대부분 바우런 연주자가 참여한다. 이후로도 바우런의 새로운 연주 기법이 여러 연주자들에 의해 꾸준히 개발되면서 오늘날 바우런은 아일랜드뿐 아니라 국제적으로도 사랑받는 악기로 자리를 잡아 가고 있다.

아일랜드 전통음악에는 이처럼 많은 악기들이 이용되고 연주할 때 세션이라는 과정을 거쳐서 그들의 음악을 만들어 가는 시도를 하면서, 대중이 원하고 즐길 수 있는 음악을 만들기 위한 노력은 지금도 이어지고 있다. 많은 음악인들이 아일랜드 음악을 배우려고 세계각지에서 모여들고 있으며 그들의 음악에 대한 관심과 사랑이 음악 문화의 경쟁력으로 이어지고 있다.

2. 아일랜드 전통음악의 이해

아일랜드의 포크음악(전통음악)은 아일랜드 공화국과 북아일랜드 사람들이 전통적으로 즐기고 부르던 음악과 1960년대 아일랜드 포크 리바이벌 이후에 나온 음악을 일컫는 말이다.

아일랜드 전통음악의 특징은 스코틀랜드의 전통음악과 매우 유사하며 5음 음계를 주로 사용한다. 악기는 전통적으로 하프를 사용하였다. 하프는 현대에 와서는 대부분 기타나 밴조 같은 현악기로 대체되었지만, 일부 음악가들은 하프를 계속 사용한다. 아일랜드와 스코틀랜드는 민족이 같고 문화가 비슷하기 때문에 아일랜드 가수들이 스코틀랜드 곡을 부르기도 하고 그 반대의 경우도 있다. 미국 포크음악은 진보주의적 성격이 강해 자유, 정의, 평화, 인권, 반전, 반핵, 환경 등을 주로 소재로 하는 반면 아일랜드 포크음악은 민족주의적 성격이 강하다.

아일랜드 포크음악이 널리 세상에 알려지기 시작한 것은 1960년대 들어와서 더 더블리너스(1962년), 디 아이리시 로버스(1964년) 등 많은 포크 그룹들이 고향인 아일랜드를 떠나 이민을 간 국가에서 뿌리를 내리고 살면서 고향을 그리워하며 그들의 음악을 더욱 부흥시키면서이다. 그런 뮤지션들이 미국, 캐나다, 아일랜드 본토에서 쏟아져 나왔고, 많은 솔로 가수들도 등장하게 되었다. 미국의 포크 가수들도 아일랜드 곡을 앨범에 삽입하기도 하였다. 이들은 단순히 전통 곡들을 현대적 감각에 맞게 편곡하여 내놓았을 뿐만 아니라, 민족 감정을 자극하는 대중가요나 해학, 풍자적인 대중가요를 내놓기도 했다. 당시 뮤지션 대부분은 연예 기획사와 상관없이 독립적으로 활동하는 경우가 많았다. 솔로 가수들은 그들 음악을 좋아하는 동호인들의 집회 장소인 포크 클럽을 통해 일단 음악계에 데뷔한 다음, 명성을 얻으면 그때 가서 자기 앨범을 내는 경우가 많았다. 밴드의 경우 대부분이 한국 용어로 인디밴드들이었다.

아일랜드 전통음악과 대니보이(Danny Boy)

고인이 된 소설가 마광수 교수가 세상을 떠나고 장례식에서 연주된 대니보이Danny Boy에 대한 정확한 이해가 필요하다. 이 음악은 우리에게 아일랜드를 대표하는 아일랜드 민요라고 알려진 곡이다. 실제로 외국의 유명한 가수들이 불렀고 한국의 가수들도 불러 우리에게 잘 알려져 있다. 그러나 대니보이는 정작 아일랜드의 포크 가수들과 그룹들은 거의 부르지 않는 곡이다. 이 곡은 가락만 북아일랜드 가락인 런던데리 에어Londonderry Air이고, 가사는 1913년에 잉글랜드 사람이 지었기 때문이다.

우리나라의 전통음악에 일본인이 가사를 붙여 세상에 널리 알려진 곡이라고 보면 될 것 같다. 대니보이는 우리가 알 수 있듯 슬픈 리듬과 느린 곡의 아일랜드 음악으로 인식되어 있지만 아일랜드의 포크(전통음악)는 대니보이와는 다르게 쾌활하고 활동적이며 밝다. 아일랜드의 대표적인 곡들을 통해서 아일랜드의 음악을 이해할 수 있다.

[아일랜드를 대표하는 곡들]

- Irish Rover(J.M.크로프트)
- Holy Ground(거룩한 땅)
- Red is the Rose
- Rising of the Moon
- Finnegan's Wake
- Mountain Dew
- I'll tell my ma
- Wild Colonial Boy
- Down by the Sally Gardens(윌리엄 버틀러 예이츠 작사)
- Last Rose of Summer (토머스 모어 작사)

- Galway Races
- Galway City
- Banks of the Roses
- Whiskey is the Life of Man
- Whiskey in the Jar
- Rocky road to Dublin
- God Save Ireland
- Brennan on the Moor

---

1) 아일랜드의 포크음악 종류

① 레블송(rebel song)

아일랜드의 전통음악에는 도네갈 지역의 펍에서 심야에 부르는 '레블송 Rebel Song'이 있다. 레블송은 영국의 식민 통치에 항거하는 독립운동을 기념하거나 아일랜드인에 대한 동정심을 유발하는 노래들이다. 레블송은 전통음악과 동일한 악기를 사용하지만 가사의 내용이 다르다. 가사의 내용은 주로 독립투쟁, 독립운동에 관련된 사람들에 대한 칭송, 침략자인 영국인에 대한 공격, 아일랜드인의 단결심 촉구 등으로 구성된다. 아일랜드가 겪었던 800년간의 핍박과 착취의 쓰라린 역사 속에서 태동된 음악, 문자 그대로 독립군가이다.

대표적인 곡에는 다음과 같은 것들이 있다.

— The Rising of the Moon(월출): 1798년 아일랜드 독립군은 영국 제국에 맞서 대대적인 독립 전쟁을 일으켰다. 당시 집결 신호는 월출이었다. 달이 떠오를 때 모두 강변에 모여 영국군을 박살 내러 가자는 내용이다.

— The Wearing of the Green(초록색 옷 입기): 아일랜드에서 초록색은 가톨릭을 뜻한다. 그런데 아일랜드에서 가톨릭은 아일랜드인의 존엄성과 정체성을 나타내는 것이어서, 영국 제국은 아일랜드인들이 가톨릭 믿는 것을 금지하고, 심지어 초록색 옷을 입는 것까지도 금지했다. 영국에 대한 저항 의식을 불태우는 노래이다.

— The Boys of Wexford(웩스퍼드의 소년들): 패트릭 조지프 매콜 작사. 1798년 독립 전쟁 때 중요한 역할을 맡았던 웩스퍼드 청년들을 기리며 밝은 미래에 대한 희망을 품는 노래이다

— O'Donnell, Aboo(오도넬, 앞으로): 아일랜드 독립 직후 국가 투표에서 아주 근소한 차이로 2위를 해서 떨어진 곡이다. 들어 보면 독립군가라는 느낌이 정말 제대로 드는 곡이다.

— Foggy Dew(안개 이슬): 1916년 영국의 식민 통치에 대항하여 들고 일어난 Easter Rising을 기념하는 노래.

— God Save Ireland(하느님 아일랜드를 구하소서): 아일랜드 독립 직후 임시 국가일 때 영국 왕을 직접 만나러 갔다가 교수형을 당한 3명의 애국지사를 추모하는 노래로, 역시 종교적 색채가 강하다.

— A Nation Once Again(광복): 광복에 대한 열망을 아주 직접적으로 담아낸 노래.

— The Minstrel Boy(악사 소년): 시인 토머스 모어 작사. 1798년 독립 전쟁에 참가한 한 소년의 이야기이다. 아일랜드의 정체성을 상징하는 하프와 칼을 들고 전투에 뛰어들었다가 죽었지만, 하프로 상징되는 아일랜드인의 저항 의지는 꺾이지 않는다는 내용.

— Johnston's Motor Car(존스턴의 자동차): 1916~1922년도 아일랜드 독립 전쟁 때 집결 명령을 받고도 군용 트럭이 없어 집결 못 했던 독립군에게 군용 트럭을 내어 준 영국인 존스턴 박사 이야기.

— Grace(그레이스): 1916년 부활절 봉기에 참가한 한 아일랜드 독립투사와 그의 약혼자의 슬픈 실화를 다룬 노래.

② 술 마시며 부르는 노래(drinking song)

아일랜드 국민들이 흥과 술을 좋아하는 단면을 보여주는 음악이라고 볼 수 있다. 문자 그대로 펍pub에서 술마시며 부르는 노래이다. 당연히 술 그 자체를 소재로 하는 노래들이 압도적으로 많다. 술

좋아하는 아일랜드 사람들이 당연히 부를 수밖에 없는 노래. 제목
에 술이 들어가면 대부분 드링킹 송이다. 대표적인 곡에는 다음과
같은 것들이 있다.

— Whiskey in the Jar(항아리 속의 위스키)

— A Jug of Punch(펀치 한 잔)

— The Wild Rover(거친 떠돌이)

— The Juice of the Barley(보리즙)

— Real Old Mountain Dew(정말 오래된 산 이슬)

— Beer, Beer, Beer(맥주, 맥주, 맥주)

— The Hills of Connemara(코네마라의 언덕)

— The Moonshiner(밀수업자)

— The Pub with no Beer(맥주가 없는 술집)

— Whiskey is the Life of Man(위스키는 남자의 삶이다)

— Whiskey on Sunday(일요일의 위스키)

③ 사랑을 위한 노래(love song)

세계 어디를 가도 남녀의 사랑 노래가 제일 많은데 아일랜드 음악
도 사랑이라는 주제는 빼놓을 수 없다. 사랑을 노래하는 노랫말에
서 아일랜드 특유의 아름다운 자연경관이 많이 등장하는 것이 아
일랜드 러브 송의 특징이다. 대표적인 곡들에는 다음과 같다.

— Holy Ground(거룩한 땅)

— Red is the Rose(장미꽃은 빨갛구나)

— Wild Mountain Thyme(야생 산 백리향)

— Let No Man Steal Your Thyme(아무도 네 백리향 못 훔치게 해)

— Lark in the Clear Air(맑은 하늘의 종달새)

— Gentle Annie(온화한 애니)

— Star Of The County Down(다운 주의 별)

— The Rose of Tralee(트랄리의 장미꽃)

— Down by the Sally Gardens(버드나무 정원 아래에서)

④ 발라드(ballad)

아일랜드 전통음악에서 발라드는 장르로서의 발라드가 아닌 이야기체로 된 노래를 말한다. 노래 형식을 띠고 있지만 이야기를 풀어나가는 것이다. 물론 레블송이나 술 마시며 부르는 노래 중에서도 발라드 형태의 곡들이 많으나, 좁은 의미에서는 순수한 이야기를 풀어나가는 것을 목적으로 하는 곡들이다. 클랜시 브라더스의 히트곡인 〈Brennan on the Moor〉와 〈The Wild Colonial Boy〉라는 두 곡은 각각 아일랜드 본토와 호주에서 활동한 의적 이야기를 다루는 발라드인데 놀랍게도 한국의 홍길동, 임꺽정, 장길산 이야기와 싱크로율이 100%. 심지어 잡혀서 처형당하는 것까지 임꺽정과 똑같다. 대표적인 곡들에는 다음과 같은 것들이 있다.

— Brennan on the Moor(황야의 브레넌): 19세기 초 아일랜드의 의적이었던 윌리 브레넌의 일대기를 다루고 있다.

— The Wild Colonial Boy(거친 식민지 소년): 아일랜드에서 태어나

호주에서 활동했던 의적 잭 도나휴의 일대기를 다루고 있다.

— Irish Rover(아이리시 로버 호): 아일랜드 남부의 항구 도시인 코크를 떠나 뉴욕 시청을 지으러 뉴욕으로 향하다가 난파된 아이리시 로버 호의 이야기를 다루고 있다.

— The Galway Races(골웨이 레이스): 매년 7월 마지막 주에 골웨이에서 개최되는 경마 대회 이름이다.

— Johnny, I hardly knew ya(조니, 너를 못 알아봤어): '빙빙 돌아라', 'When Johnny Comes Marching Home'의 원곡이다. 영국군에 징집되어 전쟁에 참여했다가 팔, 다리, 그리고 검열삭제가 잘려서 돌아온 조니를 만난 화자의 감정을 노래하며 반영 감정을 드러낸 곡이다.

— The Button Pusher(버튼을 누르는 사람): 특이하게도 반잉글랜드적 요소는 찾아볼 수 없는 반전 노래이다. 한 핵무기 발사 버튼을 담당하는 사람이 자신의 직업에 대해 찬양하는 내용인데, 평화로운 곡조와 충격적인 가사가 대비되어 소름이 끼치는 곡이다.

— The Banks of the Roses(장미꽃 핀 강둑): 여자가 남자에게 자기냐 술이냐를 택하라고 한다.

— Seven Drunken Nights(술 취한 일곱 밤): 불륜을 풍자하는 노래. 화자가 월화수목금토일 매일 술 취해서 집에 돌아왔는데 집에 돌아올 때마다 마누라가 불륜을 저지르고 있다는 증거가 갈수록 명백해져서 마침내 일요일 밤에는 불륜 현장을 발각하고 만다는 이야기.

— Rocky road to Dublin(더블린 가는 바위투성이 길): 리버풀에서 더
블린으로 가는 길에 벌어진 각종 에피소드를 풀어놓고 있는
노래이다.

⑤ 어린이 노래(동요)
어린아이들이 부르는 노래이다. 하지만 포크 가수들이 아주 좋아
한다. 〈I'll Tell me Ma〉라는 곡이 대표적이다.

⑥ 선원들이 부르는 노래[샨티(shant(e)y, chant(e)y]
얼마 전 미국에서 온 지인들과 저녁을 먹을 기회가 있었는데 내가
아일랜드 음악여행을 간다고 하니 미국인 친구가 아일랜드 음악을
하겠다며 부른 노래가 〈Drunk Sailor〉였다. 이 곡은 선원들이 부
르는 노래였다. 빠르고 경쾌한 리듬에 맞춰 부르는 노래다. 이 곡들
은 선원들이 바다에서 일할 때 부르거나 항해, 뱃일과 관련된 노래
들이다. 아일랜드 고유의 곡들이라기보다는 영국과 미국을 비롯하
여 영어권에서 대체로 널리 불리는 노래들이다. 아일랜드만의 고유
한 샨티도 물론 있지만, 대체로 샨티는 국적을 안 따진다.
— Drunken Sailor(술 취한 선원): 선원이 술에 취하면 어떻게 해야
할지를 담은 노래로 상당히 잔인하다.

⑦ 인스트루멘털(instrumental)
이 음악은 가사는 없고 멜로디만 있는 곡들이다. 지그jig, 릴reel,

혼파이프_{hornpipe}, 폴카_{polka}와 같은 춤곡들이다. 원래는 춤추는 배경 음악이었지만 현대 포크음악가들이 인스트루멘털 공연할 때는 춤 추는 경우는 드물다.

2) 아일랜드 음악 속의 잉글랜드

아일랜드 사람들은 영국이면서 개신교 국가인 스코틀랜드에 대해서는 큰 감정이 있지 않으며 의외로 호의적이다. 아일랜드 가수들이 스코틀랜드 노래를 부르는 것은 별로 이상한 일이 아닐 정도이다. 반면에 잉글랜드에 대해서는 엄청난 원한과 저항 의식 속에 오랫동안 그들을 짓밟아온 사무친 감정이 있다. 잉글랜드는 아일랜드를 지배하면서 가톨릭을 탄압했는데 천주교도들을 전국의 모든 사무실에서 제외했고, 가톨릭 사제와 주교를 추방하고, 가톨릭 숭배를 금지시켰다. 특히 가톨릭교도는 개신교도와 결혼이 금지되었으며, 가톨릭교도는 무기를 휴대할 수 없으며, 가톨릭을 학교에서 가르치지 못하였고, 가톨릭교도는 땅을 구입하거나 임차할 수도 없었다. 당시 가톨릭교도들은 재산을 몰수당한 반면 개신교도들은 재산을 늘리거나 보호받을 수 있었다. 이 같은 상황에서 아일랜드 가톨릭교도들의 재산은 남아날 수 없었다.

당시 형법과 개신교는 아일랜드 문화에 치명적이었다. 아일랜드 게일어 대신에 영어가 공용어로 사용되었고 아이들은 교육을 받을 수 없는 상황이 되었다. 이런 상황에서도 민족성과 자신들의 정체성을 지키고자 하는 많은 노력이 있었고 그 노력으로 아일랜드는 민족의 문화와 자존을 음악을 통한 승화로 이루어냈다.

특히 음악에서의 노력은 레블송을 통해서 더욱 강하게 그들의 정체성을 찾아간다. 앞서 설명했듯이 레블송은 '나는 영국이 싫어요!'이다. 우리가 가지고 있는 일본에 대한 반일감정과 정확히 통하는 부분이 있다. 우리가 일본과 스포츠 경기를 할 때 절대 져서는 안 되는 이유가 아일랜드와 잉글랜드 경기에서도 통하는 것이다.

4장

아일랜드 문학과 작가

내가 아일랜드 여행을 계획하면서 가장 비중을 둔 부분은 펍과 음악이었고 다음으로 준비하고 관심을 가진 부분이 문학이었다. 아일랜드는 인구 대비 가장 많은 노벨 문학상 수상자를 배출한 나라이다. 윌리엄 버틀러 예이츠William Butler Yeats(1865~1939), 조지 버나드 쇼George Bernard Shaw(1856~1950), 사무엘 베케트Samuel Beckett(1906~1989), 세이머스 히니Seamus Heaney(1939~2013) 등 4명이 노벨문학상을 수상했다. 이외에도 율리시스의 제임스 조이스, 걸리버 여행기의 조너선 스위프트, 드라큘라의 브램 스토커 등도 아일랜드 출신 문학가이다.

수도 더블린은 또 유네스코가 선정한 '유네스코 문학 도시'로 선정된 도시로 도시 전체가 문학적인 배경을 지니고 문학을 발전시킨 공로가 인정되어 선정되었다. 더블린을 여행하다 보면 많은 문학가의 발자취를 목격할 수 있고 그들의 삶을 느낄 수 있다.

앞서 언급한 아일랜드의 많은 문학가가 있지만 그중에서도 아일랜드 문학을 대표하는 세 명의 문학 거인이 있다. "현대에서 영어로 쓴 최고의 시인"이라고 극찬을 받는 윌리엄 버틀러 예이츠_{William Butler Yeats}
(1865.6.13~1939.1.28), "19세기를 살해한 작가"로 불리며 내면의 리얼
리즘을 추구하여 20세기 전반에 서구에서 풍미했던 모더니즘 문학과
현대적 정신의 틀을 만드는 데 주도적인 역할을 한 제임스 조이스_{James}
_{Joyce}(1888.2.2~1941.1.13), 아일랜드가 낳은 위대한 극작가이며 '부조
리 연극_{Theater of the Absurd}'의 대가들 가운데 문학 거인 사무엘 베케트_{Samuel}
_{Beckett}(1906.4.13~1989.12.22)이다.

시인 예이츠와 그가 사랑한 여인

　　W.B.예이츠(1865~1939)는 더블린에서 변호사였던 아버지와 아일랜
드 서북부에 있는 슬라이고_{Sligo} 출신의 어머니 사이에서 태어나 런던과
더블린을 오가며 성장한 영국계 아일랜드인이다. 그는 아버지를 통해

셰익스피어를 익히고, 나중에는 영국 낭만주의 시인인 윌리엄 블레이크를 접하고 주석집을 내기도 했다. 어렸을 때는 부모의 요구로 화가가 되려고 한 적도 있었지만, 10대 후반부터 시를 써서 발표하고 주변으로부터 인정을 받으면서, 화가보다는 시인으로서 활동하는 것에 주력했다. 1923년 노벨문학상을 수상하면서 예이츠는 당대 영국 시인으로서 확고하게 인정받았지만, 그는 아일랜드의 독립을 위해 헌신한 아일랜드의 시인이었다. 자세한 그의 삶과 문학의 세계는 슬라이고 여행 편에서 다룬다.

제임스 조이스(1888~1941)는 더블린 출생으로 20세기 문학에 커다란 변혁을 초래한 세계적인 작가이다. 예수회 계통의 학교에서 교육받

제임스 조이스 동상

고 유니버시티 칼리지를 졸업 그리스, 라틴, 프랑스, 이탈리아, 독일 등 각국어에 통달하였으며 일찍부터 입센, 셰익스피어, 단테, 엘리자베스 왕조 시인, 플로베르 등의 작품을 탐독 아리스토텔레스, T.아퀴나스, 비코 등의 철학까지 문학적 지평을 넓힌 인물이다. 아일랜드의 문예부흥 기운에 반발하여 학교 졸업과 동시에 파리로 갔으며, 1904년 벌리츠 학원의 영어교사로 러시아의 폴라, 이탈리아의 트리에스테 등지에서 살았다. 제1차 세계대전이 일어나자 취리히로 피난, 1920년부터 파리로 옮겨 새로운 문학의 핵심적 존재가 되어, 주변 각국의 시인 작가들이 모여들었다. 제2차 세계대전 중 독일군의 침입을 받자 다시 취리히로 가던 도중 병으로 죽었다. 그는 고향 더블린을 버리고 37년간이나 망명인으로서 국외를 방랑하였다.

　빈곤과 고독 속에서 눈병에 시달리면서도 전인미답의 문학 작품을 계속 집필하였는데, 작품 대부분이 아일랜드와 더블린을 대상으로 한 것이었다. 젊었을 때는 신문발행과 영화관 경영을 경험한 적도 있었지만 둘 다 성공하지 못하였다.

　사뮤엘 베케트Samuel Beckett(1906~1989)는 더블린 근교 폭스로크에서 영국계 중산층 가정의 차남으로 태어나 더블린의 트리니티 대학에서 프랑스어와 이탈리아어를 전공하였다. 1928년 파리 고등사범학교의 영어 강사로 재직하던 중에 망명 작가 제임스 조이스와의 긴밀한 교류를 맺으

사무엘 베케트

며 지대한 영향을 받았다. 1936년 어머니와의 불화로 아일랜드를 떠나 1937년 파리에 정착하였으며, 제2차 세계대전 중에는 레지스탕스에 가입했고, 이후 종전까지 게슈타포를 피해 프랑스의 남부에 은거하였다. 1945년 파리에 돌아온 후 집필 언어를 프랑스어로 바꾸어 왕성한 창작 활동을 시작하였다. 〈고도를 기다리며〉가 1953년 1월 파리에서 공연되어 놀랄 만한 성공을 거둠으로써 세계적인 명성을 얻으며 부조리 연극의 선구자가 되었다. 1969년 건강 악화로 튀니지에서 요양하던 중 노벨 문학상 수상 소식을 듣는데 수상식 참가를 비롯하여 일체의 인터뷰를 거부했다. 1989년 사망할 때까지 희곡, 소설, 평론, 시, 라디오·텔레비전 드라마, 영화의 극본 등 다양한 장르에 걸쳐 활발한 작품 활동을 펼쳤다.

세 명의 아일랜드를 대표하는 문학가 이외에 조너선 스위프트Jonathan Swift, 오스카 와일드Oscar Wilde, 숀 오케이시Sean O'Casey, 존 밀링톤 싱John Millington Synge, 올리버 골드스미스Oliver Goldsmith 등 세계 문학사에 빛나는 수많은 대문호들을 배출함으로써 문학에서 타의 추종을 불허하고 있다.

많은 아일랜드 문학가는 영국과의 관계 정립에 고민과 번민을 했다. 정체성에 대한 고민과 자신들의 포지션을 어떻게 해야 하는지에 대한 고민이었을 테다. 특히 그들이 창작을 하는 언어인 영어에 대한 고민이 많았던 것이 그들이 처한 가장 현실적인 현주소였다.

아일랜드 여행 준비하기 ②

숙소 예약하기(호텔, 호스텔, 에어비앤비)

　장시간 혼자 여행을 할 때 중요한 부분이 숙소다. 아일랜드를 여행할 때 큰 도시라고 해도 뉴욕, 파리, 동경, 서울같이 크지 않기 때문에 숙소 선정에 이를 고려해야 한다. 나는 아일랜드를 혼자 여행하면서 여행 20일 전 정도에 부킹닷컴(Booking.com)을 이용해서 호텔, 호스텔, B&B 예약을 했다. 내가 여행을 하는 기간(11/20~12/5) 숙박을 하는 곳들이 비수기이기에 좀 더 저렴하게 좋은 조건을 활용할 수 있었던 점도 있었다. 부킹닷컴 이용 시 숙소에서 결제하는 경우의 옵션을 했고, 취소도 일정 임박해서도 가능한 조건으로 예약을 했다. 필요에 따라서는 해약을 쉽게 할 수 있는 장점도 있었다.

　나는 음악여행 목적 때문에 주로 밤늦게까지 펍에서 음악을 들어야 했기에 치안에 중점을 두었고, 거리를 생각하여 숙소를 선정하였다. 큰 도심(더블린, 코크, 골웨이)은 도심 가까이 있는 숙소를 선정하려다 보니 비용이 많아 피하고 차선책으로 도심 중심 호스텔을 이용하는 것으로 일정을 잡았다. 호스텔의 장점은 무엇보다도 여러 사람이 숙소를 사용하기 때문에 저렴하다는 것이다. 12인이 함께 묶는 방에서부터 4명이 묶는 숙소까지 다양하게 선택을 할 수 있으며 가격도 사람이 묶는 방의 침대 숫자에 따라서 비용이 책정된다. 보통 12인 숙소는 20유로 정도였고 6인 숙소는 25유로 전후 정도이다. 잠만 자는 형태의 여행이라면 저렴하게 이용할 수 있는 숙소로 선정하는 것도 비용을 절약하는 방법이다. 도심 한복판 숙소는 도심의 즐길 것을 늦게까지 즐길 수 있는 장점이 있다. 아일랜드는 치안이 대체로 잘 되어있기는 하지만 그래도 안전은 여행객에게 제일 중요한 부분이다.

호스텔 내부

호스텔은 저렴하고 도심 접근성이 좋은 반면 생면부지 여러 사람이 사용하다 보니 소지품 분실 위험은 있다. 잠자리가 예민한 사람은 약간의 어려움을 느낄 수 있고 특히 여러 사람이 화장실과 샤워 시설을 사용하다 보면 불편은 감수해야 한다. 호스텔의 장점 중 하나가 더 있다면 아침을 제공한다는 것이다. 이때문에 주로 젊은 사람이 많이 이용한다.

나는 전체 일정을 짤 때 큰 도시는 호스텔에 묵고, 작은 도시를 여행할 때는 호텔을 이용하거나 B&B를 이용했다. 아일랜드 소도시의 호텔은 10만원 내외면 부킹닷컴을 이용해서 예약 할 수 있었는데 비수기에는 7만원 선에서도 선택할 수 있는 호텔이 있었다. 호텔은 대체로 우리가 생각하는 수준의 호텔이라고 보면 된다. 15일 정도 여행을 하면서 8일 정도 호텔을 이용했다. B&B는 4일 정도 이용했는데 사전에 후기를 잘 이용하면 아일랜드 문화(가정)를 이해할 수 있는 좋은 기회로 삼을 수 있다. 그리고 아침을 제공하기 때문에 아이리시 아침(Breakfast)을

B&B 모습

경험할 수 있는 기회다. 내가 경험한 B&B는 긴 여행으로 지친 나에게 집에서 휴식을 취하는 것 이상으로 훌륭한 시설과 세심한 배려를 해주었다. 또 정보도 얻고 가정집의 인정을 느낄 수 있는 곳에서 이틀을 묶었는데 보름 동안의 여행 중 최고의 숙식을 경험했다.

여행을 계획할 때 반드시 숙소 예약(부킹)은 후기를 잘 읽고 결정한다면 후회하지 않을 수 있음을 주지하기 바란다.

5장

아일랜드 자연과 건축물

아일랜드를 여행하면서 가장 부러운 것을 꼽는다면 그중 하나가 자연이다. 큰 땅덩어리가 아니지만 아일랜드 섬의 어느 곳을 가든지 아름다운 자연을 간직하고 있다. 아일랜드 지도에서 서해안은 대서양을 접하고 있으며 많은 비경을 간직하고 있는 지역으로 우리가 죽기 전에 가봐야 할 곳이다. 그중 단연 비경으로 꼽는다면 모허의 절벽은 신이 만들

아일랜드 서쪽 링어브케리 해안가 풍경

지 않고는 만들 수 없을 정도의 아름다운 비경을 간직하고 있다. 대서양에서 수만년의 파도가 만든 절벽은 인간으로서는 도저히 만들 수 없는 비경을 만들어 놓았고, 내륙으로 들어와서도 아름다운 자연은 수없이 많다. 넓은 푸른 초원에 양, 염소, 소가 풀을 뜯으며 한가로이 노는 장면은 한 폭의 그림과 같고, 나지막한 구릉지는 목가적인 풍경을 제공한다. 코네마라 국립공원의 절경, 링어브 케리의 환상적인 바다와 자연의 만남, 그리고 딩클 반도의 아기자기한 풍광은 여행하는 사람들에게 새로운 자연의 아름다움을 제공한다.

  내가 보려고 몇 번을 방문하고 기다렸지만 아무에게나 쉽게 그의 속살을 보여주지 않으려는지 나의 속을 태운 위클로우 국립공원은 지금도 아쉬움이 남는 곳이다. 자욱한 안개 속에서 잠시 안개가 걷혀 보는

아일랜드 시골 풍경

위클로우 국립공원의 자연 풍경은 탄식을 자아내기에 충분했다. 카메라를 대는 순간 다시 안개 속으로 사라지길 반복하는 풍광은 오래오래 사진으로 남기려는 나에게 오래도록 기억되는 장면이다. 아일랜드 자연이 많은 문학가를 탄생시킬 수밖에 없겠다는 생각이 들도록 한 풍광은 내가 그곳에 태어났더라도 시상과 문학적 영감이 만들어졌겠다는 느낌을 주기에 충분했다. 실개천처럼 흐르는 내와 나무의 조화, 그리고 호젓한 오솔길은 더욱 잔잔한 미를 더하였고, 시도 때도 없이 내리는 비는 사람의 마음을 차분하게 만들고 감성적인 분위기로 빠져들게 하는 촉매제 역할을 하였다. 지금도 나의 마음을 설레게 하는 선명했던 무지개는 영원히 머리에 남아 평생을 함께 살아갈 것 같다.

아일랜드의 자연과 함께 아일랜드의 건축물은 자연과 조화를 이루고 오랜 역사를 지켜 오면서 모든 시대의 아픔과 영광을 대변하는 느낌을 준다. 오래된 고성과 현대의 건축 기술로도 만들기 힘든 돌로 만든 원형 타워Round Tower 는 아일랜드 건축미의 극치를 보여준다. 10세기부터 12세기 사이에 만들어진 원형 돌타워는 30M가 넘는 건축물이다. 라운드 타워 내부는 나무로 만든 사다리를 지그재그 방식으로 오르게 하여 맨 위에 다다르게 만들었다. 돌타워 내부의 크기는 크지 않아서 사람이 동시에 교차할 수 없을 정도의 좁은 폭으로 이루어져 있다. 15세기부터 17세기에 지어진 타워 하우스Tower House 는 작은 성으로 외부의 침입으로부터 보호하기 위한 거주의 목적을 둔 건축물이다. 큰 사각형의 집을 돌로 만들었는데 방어를 위한 형태가 갖추어진 건물이다. 18세기부터 19세기까지는 조지 왕조 풍의 건축물을 많이 지어 웅장하고 고풍스러운 아름다움을 보여주고 있으며 이런 건축물들은 아일랜드 여행을 하면서 어디에서든지 쉽게 만날 수 있는 유물들이다.

　이같이 아일랜드는 과거와 자연이 공존하면서 시공을 초월한 아름다움을 간직하고 있는 나라이다. 이것에 기독교적인 요소가 더해지고 문화적인 풍요로움이 아일랜드의 매력을 더욱 발산시키는 요소가 아닌가 싶다.

돌탑 건축물

6장

아일랜드의 성(城)과 성당

아일랜드를 여행하면서 아일랜드를 상징하고 대표하는 것을 꼽으라고 한다면 단연 고성과 도시, 시골 할 것 없이 꼭 만나게 되는 성당이라고 할 수 있다. 내가 스페인, 이탈리아, 프랑스, 동유럽을 여행했을 때 만났던 웅장하고, 예스러운 성당 건물 그대로를 만났고, 이곳이 가톨릭 국가임을 자연스럽게 느낄 수 있었다. 이런 건축물들이 더욱 부각되고 아름다울 수 있는 것은 도심과 시골 할 것 없이 높은 건물이 없는 외관이라는 것이다. 아일랜드의 수도 더블린에서뿐만 아니라 다른 도시에서도 7~8층 이상 건물을 거의 찾을 수 없다. 따라서 어디에서든지 성과 성당의 화려함이 한눈에 보여서 더욱 고풍스러움을 느끼게 한다.

500년이 넘는 고성들도 도심과 시골에 골고루 건축되어 많은 관광객을 맞이하고 현재는 용도를 달리하여 사용되고 있다. 선조의 건축물과 유적지를 활용하여 현대까지 사용하고 있는 그들의 모습을 보면서 부수고, 짓고를 반복하는 우리의 건축에 아쉬움이 들게 했다. 대부분 건물과 건축물이 100년 이상 되는 수명을 가지고 있는 모습에서 우리는 이 세상에 태어나 영원할 수 없고 잠시 왔다가 자연으로 돌아감을 깨닫게 하는 힘과 삶의 지혜를 알려 주는 듯했다.

가톨릭을 상징하는 성당 건축물도 절제되고 짜임새 있게 건축되어 사용되고 있었다. 아일랜드 사람에게 있어서 성당은 일상적인 삶과 종교가 하나라고 느낄 수 있게 항시 성당을 개방한다는 것이다. 누구나 생활 속에서 종교의 도움이 필요하고 기도가 필요할 때 성당을 찾아 그들의 절실한 소망과 어려움을 평화롭게 해결하고 있음을 여행 내내 확인할 수 있었다.

존스타운 성

아일랜드 성당

　신의 존재를 믿는다는 것은 '인간의 부족함을 인정하는 것'이라고 생각해 보면 아일랜드 사람들은 일찍부터 종교를 통해 이를 받아들이는 듯하다. 주일에는 온 가족이 성당을 찾고, 함께 미사를 드린다. 이렇게 어려서부터 종교라는 것이 삶의 일부라는 것을 생활화하며 믿음을 키워나간다. 이뿐만 아니라 시골의 작은 성당에서 성당의 주일 미사가 주위의 안부와 인사를 하는 시간이고 마을 사람들의 모임 장소였다. 오래된 건축물과 조상 대대로 내려온 건물들이 현재 사는 이들에게까지 이어져 사용되고, 이를 또 관광자원으로 활용하여 많은 관광객을 유치하여 소득을 얻는 아일랜드는 우리에게 시사하는 바가 큰 나라이다.

　90% 이상이 가톨릭을 종교로 가진 나라이지만 요즘 들어서는 신부가 모자라 신부 수급에 어려움을 겪고, 신자들도 냉담을 하고 줄어들

어 있어 어려움을 겪고 있는 것이 아일랜드의 종교적 현실이다. 대다수의 유럽의 가톨릭 국가들이 겪는 현실을 아일랜드도 비껴갈 수 없는가보다. 종교 때문에 북아일랜드와 나뉘어 있는 나라이기도 하지만, 국기에서도 보듯이 초록색은 가톨릭과 섬나라임을 상징하고, 오렌지색은북아일랜드의 신교도를 상징하는가 하면, 흰색은 함께 평화롭게 살아가라는 의미를 담고 있는 나라가 아일랜드다.

주일 미사 후 교제하는 모습

아일랜드 여행 준비하기 ③

사전 준비사항

여행을 하기 전 준비해야 할 것이 많다. 혼자 여행을 하는 경우는 더더욱 세심한 준비를 해야 여행 중에 고생을 하지 않고 위험한 상황에 처하더라도 대응할 수 있다. 혼자 여행할 때 필수는 국제면허증이다. 나의 손과 발이 되어줄 국제운전면허증으로 발급받아 가야 한다. 당일 1시간이면 경찰서에서 발급되는 만큼 여권 사진 1장을 지참하여 발급받자. 다음으로 아일랜드에서 움직이는 모든 정보가 스마트폰에 있기 때문에 로밍은 필수다. 여행지 정보와 숙소 예약도 스마트폰 예약정보로 다 해결이 되기 때문에 스마트폰 로밍은 꼭 준비하길 바란다.

현지에서 사용할 환전도 미리 하는 것이 중요하다. 아일랜드는 유로화를 사용하기 때문에 유로화 환전이 필요하고 현지에서는 카드 사용이 가능하니 카드 지참은 필수다. 현지에서의 비용은 카드를 사용하고 필요한 경우에만 현금을 사용하면 되므로 출발 전 너무 많은 현금 유로 환전을 하지 않는 것이 좋다. 렌터카나 호텔 결제 시 반드시 자신의 이름으로 된 카드를 사용해야 렌터카, 호텔 이용이 가능하다. 특히 렌터카 렌트시 운전자 면허증(국제운전면허증), 예약자, 결제카드 이름이 일치해야 낭패를 보지 않는다.

차를 렌트했을 때 스마트폰을 거치할 수 있는 거치대와 스마트폰 충전기도 꼭 필요한 준비물이다. 불편함을 넘어서 사소한 것 같지만 이런 사전 준비물이 없을 때는 위험한 상황을 맞을 수 있음을 명심해야 한다.

아일랜드는 비가 수시로 내리기에 비옷이나 방수용 점퍼 같은 것을 가져가면 수시로 변하는 날씨에 대응할 수 있다. 아일랜드 사람들은 수시로 비가 내리기 때문에 비가 와도 많은 사람이 우산을 쓰지 않는다. 하지만 여행객은 많은 시간을 야외에서 움직여야 하는 관계로 비에 대비를 해야 한다. 그리고 가을 날씨에는 바람이 많이 불므로 바람막이 옷을 입으면 여행하기 좋다.

의약품이 필요한 응급 상황을 맞아서는 안 되겠지만 긴 시간을 여행하다 보면 응급약을 사용하는 경우가 있으니 반드시 준비해야 한다. 소화제, 지사제, 스프레이파스, 작은 응급키트 같은 것을 가지고 간다면 중요한 상황에서 긴요하게 사용할 수 있다. 준비한 만큼 여행은 편안하고 안전하다.

나는 여행 중 골웨이를 떠나 모허의 절벽 여행을 할 때 1미터 이상의 높이에서 떨어져 목과 어깨 그리고 얼굴에 상처를 입는 사고를 당한 적이 있다. 여행 4일째 되는 날인데 준비한 응급키트가 없어서 고생한 경험이 있다. 대부분의 여행이 야외 일정이므로 반드시 응급키트는 준비하는 것이 좋다. 일회용 밴드, 붕대, 스프레이 정도는 지참하자.

7장

아일랜드 펍과 바

우리가 알고 있는 아이리시 펍Pub은 대중들이 모이는 장소인 Public House의 줄임 말이다. 아일랜드 사람에게 펍의 존재는 마을 사람이 모여서 하루의 스트레스를 푸는 공간이자, 세대와 남녀 구별 없이 소통하는 공간이다. 때에 따라서 중요한 스포츠 경기가 있을 때 모여서 함께 응원하는가 하면, 서로 갈등이 있을 때 해결하는 장소로도 활용된다. 더블린을 여행할 때 펍을 지나지 않고는 여행을 할 수 없다고 할 정도로 펍이 많은데 내가 여행을 하면서도 작은 소도시에서도 어디서든 펍을 발견할 수 있었다.

펍에서 술은 빼놓을 수 없는 중요한 요소다. 아이리시 펍에서 대표하는 술이라면 아일랜드를 대표하는 것 중 하나인 흑맥주 기네스Guinnes다. 그들은 검은 흑맥주 한 잔에 모든 시름과 피로를 풀고 즐긴다. 내가 목격한 많은 펍에서 술은 이루 셀 수 없을 정도로 다양하고 많았다. 수십 종류의 위스키와 다양한 지역 맥주까지를 더하면 술의 천국이라고 할 수 있는 곳이다. 우리나라와 같이 술에 대해서는 관대한 문화를 가지고 있다. 하지만 아일랜드를 대표하고 그들과 슬픔과 아픔을 함께했던 술은 단연 기네스Guiness이다.

　아일랜드 펍의 하드웨어적인 부분이 대형 TV, 다양한 술과 맥주, 편안한 테이블과 의자, 넓은 홀과 조명이라면, 소프트웨어적인 콘텐츠가 바로 그들의 아이리시 음악Irish Music이다. 일상의 지친 그들을 달래주고 삶의 외로움을 잊게 해준 것이 있다면 그것은 바로 음악이었고 여전히 음악인 것이다.

　내가 본 도심과 소도시의 펍을 비교하여 보면, 대도시인 더블린, 골웨이, 코크 같은 도심의 펍 분위기는 타지인이나 관광객이 많기 때문에 음악을 단순히 듣고 즐기는 수준이다. 이와 달리 소도시와 작은 마을의 펍은 동네 사람들이 모여서 한판 즐거움을 즐기는 자리였다. 시골의 작은 소도시의 펍에서는 뮤지션 중에 입담 좋은 한 분이 음악과 함께 사회 같은 역할을 하면서 좌중을 휘어잡는 유머를 구사하는가 하면, 관중을 지명하여 노래를 부르게도 한다.

　나는 그들 펍에서 일어나고 있는 일이 마치 밤마다 마을의 작은 음악회가 열린다는 느낌을 받았다. 젊은 사람부터 나이가 지긋한 노인까지 함께 즐기는 펍문화를 보면서 모든 소통을 그곳에서 하는 아일랜드 사람들이야말로 정말 행복한 사람들이라는 생각이 저절로 들었다. 내가 본 펍에는 한과 흥이 있었고, 고단함과 즐거움, 기쁨과 슬픔, 젊음과 나이 듦이 교차하는 공간이었다. 나 같은 외국인도 자연스럽게 받아주고 녹아들어 함께 할 수 있는 그들의 펍은 넓은 아량이 느껴지고, 배려하는 그들의 성숙된 모습도 함께 경험하게 해주었다.

　이런 와중에 궁금증으로 다가왔던 것이 펍Pub이라는 이름과 바Bar라

도심 바

는 이름이었다. 사전에서 구별할 수 있는 것도 아니고 해서 몇 사람에게 두 가지를 어떻게 구분하는지를 물었더니 "펍$_{Pub}$은 술을 한잔하며 사교와 만남을 하는 장소로 이용되며 바$_{Bar}$는 사교 같은 행위가 이루어지지 않고 단지 술 한잔을 하는 곳"이라는 정의를 내려주었다. 정확할지는 모르지만 연륜이 있는 아일랜드 신사의 얘기를 들으며 펍과 바를 어렴풋하게 구분할 수 있었다.

나중에 좀 더 정확한 확인을 한 바에 의하면 펍$_{Pub}$은 바$_{Bar}$보다 다양한 주류, 맥주 그리고 탄산음료까지 주문할 수 있고 음식도 바보다는 많은 선택을 할 수 있는 곳이다.

나에게 펍과 바를 설명해준 사람

아일랜드를 관광하는 매력 중의 하나인 펍 음악여행을 하면서 나는 더욱 그들의 삶을 밀착해서 보았고, 그들이 700년이 넘는 영국의 지배를 견디어 낼 수 있는 정신세계가 펍에 있지 않았나 하는 생각마저 하였다. 펍은 신분도, 빈부도, 그리고 아이도 어른도 필요 없는 곳으로 평등과 존중, 소통만이 전부였다.

8장

〈비긴 어게인〉(Begain Again)을 통해 본
아일랜드 음악여행

길거리에서 하는 거리 공연을 버스킹Busking이라고 한다. 대중이 모이는 공공장소에서 하는 모든 공연이 버스킹에 속한다. 거리 공연을 하는 사람을 버스커Busker라고 부르고 버스커는 공연을 보거나 지나는 사람이 주는 돈으로 자신들의 공연 대가를 받는다.

버스킹이란 말의 유래는 1860년대 영국에서부터다. 버스킹Busking은 영어로 '공연하다'라는 뜻의 '버스크Busk'에서 유래했고 버스크의 어원은 '찾다, 수색하다, 구하다'라는 뜻의 스페인어 '버스카르Buscar'다. 당시의 버스킹은 거리 공연뿐 아니라 고용인을 찾는다는 의미를 가지고 있어서 부랑인들이 구걸 대상을 찾는 행위를 뜻하는 말로 쓰였다고 한다.

유럽과 많은 나라에서 고대 시대부터 공공장소에서 공연하는 문화가 있었다. 사람들은 거리 공연의 대가로 돈이나 음식, 음료, 선물 등을 지급했다. 특히 집시Gypsy라 불리는 유랑민족은 어떤 민족보다도 버스킹에 능해 생계의 일환으로 활용한 측면도 있었다. 오래전부터 녹음 기술이 발전하기 전까지 오랜 기간 거리는 음악가들의 데뷔 장소로 활용되었고 현재도 많은 예술가들이 거리에서 자신을 알리고 관객과 소통하기 위한 수단으로 버스킹을 활용하고 한다. 힘없는 연주자들의 삶의 현장이기도 하고 혹은 자신의 철학을 알리기 위한 퍼포먼스로 버스킹을 택하는 예술가들도 있다. 버스킹 장소로는 공원과 거리, 광장, 지하철 등이 있다. 일부 국가에서는 질서와 거리를 지나는 사람들을 위해서 일부 지역에서는 버스킹 등록제를 운영하여 허가를 받아야만 버스킹을 할 수 있게 하고 있다.

버스킹에는 음악 공연 이외에도 인형극, 연극, 마술, 코미디, 댄스, 서커스, 저글링, 행위예술 등 다양한 종류가 있다. 유럽과 북미 지역에서는 번화가에서 버스킹을 흔하게 볼 수 있다. 특히 아일랜드의 더블린,

도심의 버스킹 모습

골웨이, 코크 등지를 여행하면서 많은 거리의 음악사인 버스커를 만날 수 있다.

JTBC에서 2017년 여름에 방송한 〈비긴 어게인〉Begin Again이라는 프로는 많은 사람들에게 길거리 공연에 대한 이해를 높여주는 기회를 만들었고 아일랜드라는 음악의 나라를 소개해주는 좋은 계기가 되었던 방송이다. 3명의 가수 이소라, 유희열, 윤도현과 방송인 노홍철을 출연시켜 번화한 거리에서 버스킹을 했고 동양인들이 행하는 길거리 공연을 보는 아일랜드 국민과 외국인들의 모습을 TV를 통해서 지켜보았다. 가수는 아니지만 한약방 감초처럼 노홍철이 세 가수의 공연을 돕는 모습이 인상적이었다.

아일랜드에서 〈비긴 어게인〉의 공연 모습

윤도현, 이소라가 공연한 골웨이의 펍

비긴 어게인의 공연이 아일랜드의 수도 더블린과 음악의 도시 골웨이에서 방송되어 색다름을 더했고, 아일랜드가 펍의 나라임을 알리는데도 일조했다는 생각이 든다. 특히 더블린에서의 공연은 영화 〈원스〉Ones에서 나오는 장면을 소개하면서 영화의 주인공이 길거리 버스킹을 하는 장면을 연상케 해서 인상적이었고, 더블린의 음악거리인 그래프튼 거리Grafton Street와 템플바 거리Temple Bar Street에서 행해지는 버스킹을 실제로 하면서, 음악과 공연을 이해하게 하는 좋은 시도였다. 더블린에서 첫 버스킹의 아쉬움을 안고 두 번째 공연 장소인 골웨이에서의 공연은 한층 발전된 모습으로 공연이 이루어져 듣는이에게 힐링을 전해주기에 충분했다. 성수기인 여름철에 더블린과 골웨이의 많은 펍에서 공연은 쉽게 만날 수 있는 광경이다. 다만 〈비긴 어게인〉에서 아일랜드 펍 문화가 좀 더 소개되고 펍에서 행해지는 아일랜드 전통음악에 대한 소개가 좀 더 있었다면 하는 아쉬움은 남는다.

길거리 공연의 매력이라고 한다면 각본 없는 드라마를 만드는 것이고 자유스러움, 자신만의 음악 세계를 소개할 수 있다는 점이다. 자기 음악을 이해하고 좋아하는 단 한 사람만 있더라도 행복한 공연이 될 수 있는 것이 길거리 공연이다. 음악적 컬러는 달랐지만 이소라, 윤도현, 그리고 유희열의 음악적 시도와 길거리 공연의 자연스러움은 충분히 시도되고 소개할 만한 공연이라고 생각한다.

더불어 음악의 나라인 아일랜드 더블린과 골웨이를 첫 출발지로 삼았다는 것은 아일랜드 음악여행을 시도하는 나에 많은 즐거움과 관심을 불러일으키기에 충분하였다.

기회가 된다면 아일랜드의 음악을 소개하는 프로그램을 제작하여 아일랜드의 음악과 문화를 충분히 이해할 기회를 제공했으면 한다. 후담이지만 이소라는 "집에만 있다가 오랜만에 나왔다. 해외의 풍경은 잘 찍은 사진으로만 보는 걸로 충분하다고 생각했는데, 막상 나가서 바람도 쐬고 풍경도 보니 좋더라"고 소감을 피력했고, 유희열은 "이소라와 윤도현은 20대부터 알던 사이인데 이렇게 모여서 무엇인가 한다고는 생각해보지 못했다. 함께 거리에서 음악을 하게 된다는 사실이 굉장히 낯설기도 하고 특별한 시간이었다"고 말했다. 윤도현 역시 "(이소라에게) 노래 한 곡을 부를 때의 마음가짐과 애정, 한 글자도 놓치지 않는 모습을 보고 많이 배웠다"고 했다. 세 뮤지션이 함께 노래한 시간을 소중한 기억으로 간직하는 걸 보면 새로운 곳에서 음악이라는 주제를 가지고 함께한 시간은 뮤지션에게도 잊을 수 없는 시간이 되었던 것 같다.

아일랜드 여행 준비하기 ④

렌트카 여행과 운전 중 주의사항

내가 아일랜드에서 운전하면서 제일 걱정한 것은 한국과 운전방향이 반대라는 사실이었다. 아일랜드와 같은 운전방향을 가지고 있는 일본을 여러 번 여행하고 사업차 다녀봤지만 반대 방향으로 운전하는 부담 때문에 한번도 운전을 해야겠다는 엄두를 내지 않았다. 너무 익숙한 우측 운전에서 하루아침에 좌측운전을 해야 한다는 것은 쉬운 일이 아니라는 것을 잘 알고 있기 때문이다. 하지만 사전에 머릿속으로 우측에 중앙선이 있다는 생각만 하자고 연습했는데 이것이 운전에 많은 도움을 주었다. 다행히 더블린 시내를 제외하고는 차량이 많지 않아서 큰 어려움은 없었다. 특히 교차로에서의 걱정도 대부분이 회전식 교차로여서 큰 어려움이 없었다.

운전하면서 어려웠던 부분을 몇 가지 팁으로 정리하면 첫째 아일랜드 도로는 한국에서 운전했던 도로보다 좁다는 것이다. 빠른 속도로 주행할 경우 자칫 큰 사고로 이어질 수 있다. 둘째 비가 자주 내리는 날씨이다 보니 도로 가장자리에 물이 고여 있는 도로가 많다는 것이다. 때문에 80Km 이상으로 달리는 도로에서 반대편에서 트레일러 같은 대형차가 올 때 위험한 상황을 맞을 수 있으므로 특히 주의해야 한다. 물이 고여 있는 도로 위를 지날 때 자칫 운전대 중심을 잡지 못할 수 있기 때문에 각별히 신경 써서 운전대를 잡고 빗길 운전을 해야 한다. 자동차 전용도로와 약간 폭이 있는 자동차 도로는 괜찮지만 지방도로는 상황이 훨씬 열악하고 대형트레일러, 농기계 등이 수시로 움직이기 때문에 주의를 해야 한다. 세번째로 속도 제한이다. 지방 좁은 국도는 80Km, 자동차 전용도로는 120Km가 한계 속도이다. 하지만 10~20% 정도 더 속도를 내고 다닌다고 보면 지방 국도는 100Km 정도 속도를 내고 달리니 운전은 조심해야 한다. 지방도로는 7시가 넘으면 거의 차들이 없고 가로등이 없어 운전에 신경을 많이 써야 한다. 야간에 차가 없고 가로등도 없는 시골길이 많고 심지어 도로 중앙에 중앙선이 없는 곳도 있으므로 좌측운전에 만전을 기해야 한다. 차가 없는 지방도로에서 무의식적으로 우측운전(한국식)을 하는 경우를 경험해서 큰 사고를 당할 뻔한 적이 있다.

아일랜드에서 도심 주차 시설은 잘되어 있는 편이다. 대부분 주차 기계에 주차 시간 만큼 동전을 지급하여 영수증을 뽑는 시스템을 운영하고 있다. 특별히 단속하고 관리하는 사람은 볼 수 없지만 아일랜드 사람들은 스스로 비용을 지급하는 모습을 보고 정직한 사회 운영 시스템을 가지고 있음을 느꼈다.

렌터카 국제운전면허증은 여행 내내 조수석 서랍에 넣어 두면 국제

지방의 좁은 도로 폭

운전면허증을 호텔에 두고 나오는 우를 범하지 않으니 참고 바란다. 그리고 렌터카 렌트시 반드시 자동변속기를 사전 예약을 해야 한다. 유럽은 자동변속기 차가 10~20%도 안 되는 것 같다. 아일랜드도 여느 유럽과 마찬가지로 대부분이 수동이고 자동은 별로 없다. 그리고 아일랜드는 렌트시 차량도난, 분실 우려로 1,500유로를 카드로 결제해 놓고 차량 반납시 마이너스 처리를 하는 결제 시스템을 사용한다. 나중에 차량 손상으로 논쟁의 대상이 되는 것을 막으려면 별도로 차량사고 보험에 들고 보험금을 지급하면 1,500유로를 결제하지 않아도 된다. 나의 경험으로 차량만 보호받을 수 있는 보험이 하루에 20유로 정도이며 만약 풀(Full)로 보험(인적, 차량 포함 보험)에 들 경우 하루에 30유로 정도이다. 아일랜드는 길도 좁고 시골 도로 같은 경우 가드레일 역할을 하는 나무들이 도로 가까이 자라 운전 중 차량 표면에 손상을 입힐 수 있는 경우가 많으니 차량보험에 들고 타는 것이 나중에 곤란한 일에 휘말리지 않는 방법이다.

_____ 2부

아일랜드 여행하기

[아일랜드 여행지도]

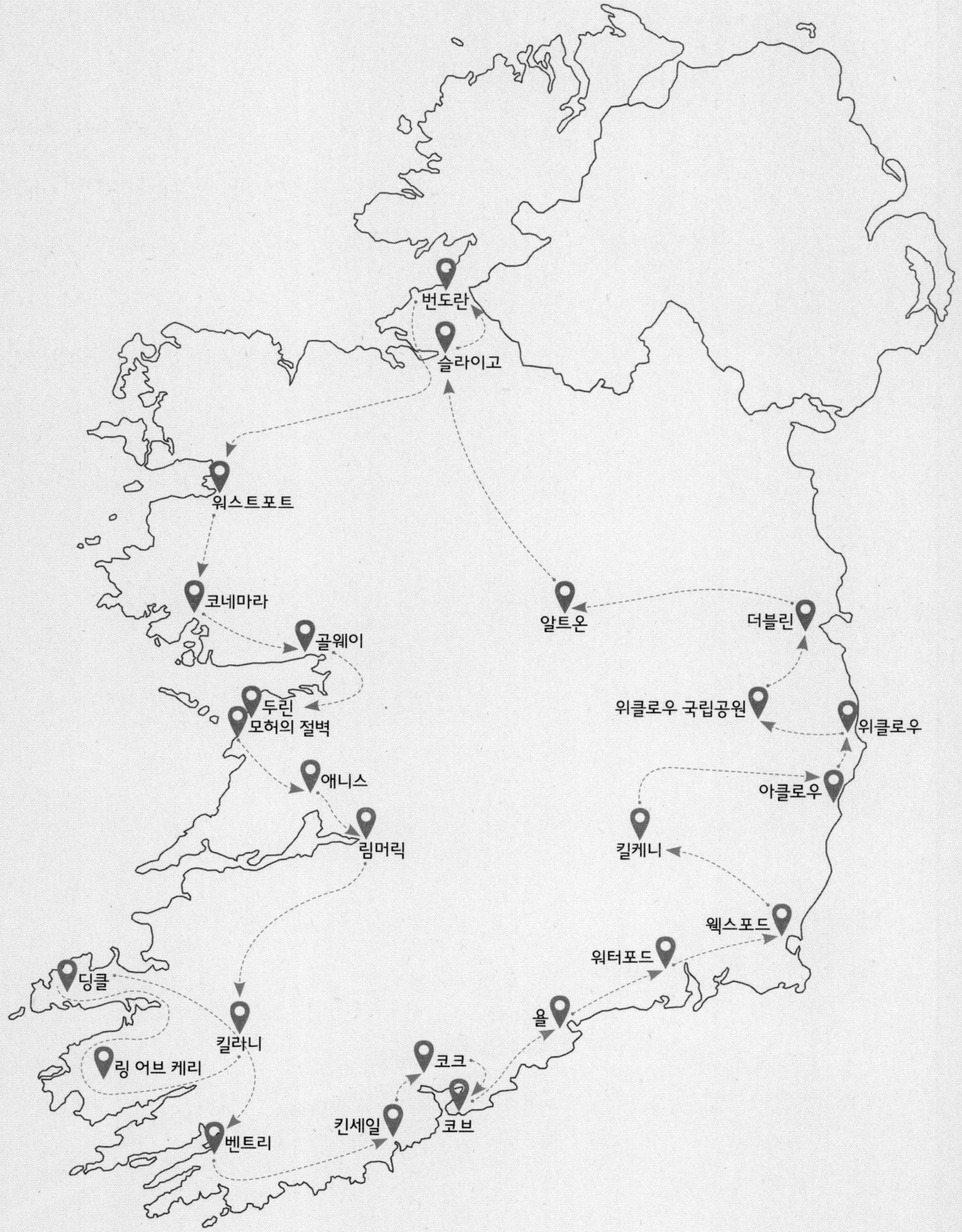

번도란

슬라이고

워스트포트

코네마라

골웨이

두린
모허의 절벽

애니스

림머릭

알트 온

더블린

위클로우 국립공원

위클로우

아클로우

킬케니

웩스포드

딩클

킬라니

링 어브 케리

벤트리

킨세일

코크

코브

워터포드

유

1장

문학과 펍의 도시 더블린

1. 더블린 여행

　더블린은 도심 중앙을 흐르는 리피liffey강을 끼고 만들어진 아일랜드의 수도로 50만 명이 조금 넘는 인구가 거주하는 아담한 도시다.

　더블린은 아일랜드의 정치·경제·문화의 중심지로 수륙 교통의 요지이며, 내륙과는 철도와 운하 등으로 연결되고, 동쪽의 잉글랜드와는 아이리시해를 끼고 리버풀과 마주하고 있다. 시의 중앙을 동서로 흐르

더블린 시내를 관통하고 흐르는 리피강과 다리

는 리피강 북쪽은 18세기 이후 발전한 비교적 새로운 시가지인데 반해, 남쪽은 오래된 구시가지로, 더블린성·시청 등 유서 깊은 건축물이 많다. 북쪽의 중심가는 높이 41m의 넬슨탑이 있는 오코넬 거리, 남쪽의 중심가는 쇼핑센터인 메리슨 거리가 있다. 항구는 2개의 큰 방파제가 앞바다를 막아주고, 부두·도크 등의 시설도 잘 되어 있다

시민의 90%가 가톨릭교도이고, 시내에는 가톨릭 학교도 많다. 게일인人에 의한 시의 기원은 1,000년이 넘지만, 중심 도시가 된 것은 8세기에 침입한 데인인人이 해상활동의 기지로 삼은 뒤부터였다. 1170년 앵글로 노르만인이 데인인을 몰아내고 사실상 수도로 삼았다. 한편 그 무렵부터 아일랜드는 영국 왕가의 지배를 받게 되고, 그 뒤 오랫동안 더블린은 영국의 아일랜드 지배의 거점이 되었다.

더블린 중심가인 오코넬 거리 전경

더블린 시내 관광지도

　17세기의 명예혁명·청교도혁명 때에는 반혁명파의 거점이 되었으나 혁명파에 의해 제압되었다. 18세기 이후 아일랜드의 정치적·문화적 독립운동의 중심이었고, 특히 1916년 부활절 봉기(더블린 반란)는 유명하다. 1922년 아일랜드 자유국 성립, 1937년 독립선언을 거쳐, 명실상부한 독립국 아일랜드 수도가 되었다. 영국의 공업제한정책으로 공업의 발전은 뒤졌고, 맥주·식품가공·유리·담배·조선 등이 주산업이다. 근교에는 아일랜드와 영국 간의 연락선이 닿는 항구가 있다. 교육·문화기관으로 더블린대학(트리니티 칼리지)·국립도서관·국립박물관 등이 있다.

1) 더블린을 3구역으로 나눠 여행하기

아일랜드의 수도 더블린을 여행은 리피_{liffey}강을 중심으로 일정을 짜면 효율적 시간관리가 가능하다. 도심의 중심을 흐르는 리피강이 구분을 지어주는 역할을 하기 때문이다. 우선 리피강 남쪽을 동서로 구분 짓고 리피강 북쪽을 한 구역으로 구분하여 소개할까 한다.

아일랜드 최고 대학인 트리니티 대학

첫 번째 구역인 더블린 남동쪽은 아일랜드를 대표하는 트리니티 대학_{Trinity college}을 중심으로 그래프턴 거리, 국립박물관, 국립미술관, 오스카 와일드 동상, 도심 공원 등등이 위치하여 있다.

트리니티 칼리지는 아일랜드에서 가장 오래된 공립대학이다. 1592년 설립되었고 창립자는 영국 여왕 엘리자베스 1세이다. 아일랜드 국내에서 1위, 유럽에서 TOP 10에 랭크되는 유럽을 대표하는

명문대학 중 하나이며, 2009년 세계 대학 순위에서 세계 랭킹 43
위, 2011년 QS 세계 대학 순위 분야별로는 수학 부문에서 세계 랭
킹 15위, 영어 & 문학 부문에서 2011년도는 세계 32위, 2012년에
는 세계 랭킹 14위를 기록 할 정도로 명문대학이다.

트리니티 대학은 1951년 노벨 물리학상을 수상한 월턴E.T.S. Walton,
1969년 노벨 문학상을 수상한 극작가 사뮈엘 베케트를 비롯해 작
가 조너선 스위프트, 시인이자 극작가인 윌리엄 예이츠, 수학자 윌
리엄 해밀턴, 극작가이자 소설가이며 시인 오스카 와일드, 〈드라큘
라〉의 작가 브램 스토커, 아일랜드 대통령인 메리 매컬리스 등 다양
한 분야에서 유명인을 많이 배출하였다. 트리니티 대학의 대형 도

트리니티 대학 정문

서관은 높이가 64m나 되는 볼거리로 관광객과 아일랜드에 있는 학생들의 관광과 관람코스이다. 트리니티 대학과 연결된 그래프턴 거리_{Grafton Street}는 많은 사람이 몰리는 쇼핑가로 예쁜 상점이 즐비하고 우리나라 JTBC 방송 〈비긴어게인〉에서 소개되었던 거리다.

그래프턴 거리는 길거리 음악의 성지라고 칭하는 곳으로 버스커들이 음악을 즐길 수 있는 곳이기도 하다. 더블린에서 사람 이동이 제일 많은 곳이어서인지 늦은 시간에도 길거리 버스킹을 하는 무명의 거리 악사들을 볼 수 있는 곳이다. 트리니티 대학 옆에는

국립미술관

선사시대부터 현재까지의 유물과 역사를 이해하는 데 꼭 필요한 국립박물관이 있고 바로 옆에는 국립미술관이 있어서 아일랜드를 더 이해하려는 관광객이라면 꼭 들러보길 추천한다. 자세히 보려면 많은 시간이 필요하겠지만 반나절 정도 투자하면 충분히 볼 수 있다. 나는 수요일에 관람하였는데 무료로 관람하였다. 여행에 참고하길 바란다.

트리니티 대학과 접하고 있는 공원이 있는데 우리에게 유명한 오스카 와일드 동상이 있는 곳이다. 동상은 외롭게 그리고 바쁘게 살아가고 있는 현대인을 비웃는 듯한 모습으로 바위에 걸터앉아서 자신의 동상을 바라보는 여행객을 맞이하고 있다.

오스카 와일드(1854~1900)는 아일랜드 더블린 출생의 극작가이자 소설가, 시인으로 19세기 말 유미주의를 대표하는 작가다. 그의 동상이 있는 메리온 광장은 트리니티 대학을 바라보는 Merrion Square 위치에 있는데 트리니티를 졸업한 그가 후배들을 감시하는 듯하기도 하다.

그는 젊었을 때 뛰어난 재기才氣와 화려한 행동으로 세간의 주목을 받았으며, 그의 작품 중 경구驚句로 가득한 희극은 수많은 관객을 모으는 데 중요한 요소로 작용하였다.

그는 좌담과 강연에 능했고 사교계의 화려한 존재로 유명한 안과 의사이자 고고학자였고 박애주의자였던 아버지와 당시 성공적인 작가이자 민족주의자인 어머니 사이에서 태어나 아일랜드를 대표하는 문학가로 자리매김하였다. 참고로 더블린 남동쪽 지역 여행에 걸리는 시간은 반나절 조금 더 걸린다고 보면 될 듯하다.

메리온 광장 오스카 와일드 동상

두 번째 구역은 더블린 남서쪽 지역이다. 이곳은 역사적인 건물인 더블린 성Dublin Castle과 시청City Hall이 있는 곳이고, 펍이 즐비한 템플바Temple Bar 거리가 있다. 그리고 아일랜드를 상징하는 흑맥주인 기네스 스토어Guinness Store가 있는 곳이다. 남서쪽 지역은 이렇듯 고풍적인 건물이 있는 지역이다. 더블린의 중심에 있는 템플바 거리는 많은 아일랜드 전통 음악을 하는 펍이 가장 많이 그리고 집중해서 있는 곳으로 더블린에서 펍을 피해서 다닐 수 없다는 말을 사실로 확인하기에 충분하다. 펍 소개는 펍 여행에서 다루기로 한다.

템플바 거리(Temple Bar Street)

비 오는 그래프턴 거리

템플바는 그래프턴 거리와 마찬가지로 길거리 버스킹이 행해지는 곳이며 젊은이들과 관광객이 모여드는 곳인 만큼 젊음과 관광객의 거리라고 볼 수 있다. 낮에는 별 볼거리가 없지만 어둑해지는 밤부터 템플바 거리의 본색을 느끼고 볼 수 있다.

템플바를 구경하고 다음 동선을 생각한다면 더블린 성Dublin Castle으로 잡으면 된다.

더블린 성이 건축되기 이전 모습

더블린 성 안쪽

더블린 성은 930년대 덴마크계 바이킹이 도시를 보호하기 위하여 세운 요새와 옹벽이 있던 곳에 세운 성으로 13세기에 지어졌다. 더블린 성은 오랜 세월에 걸쳐 군사 요새, 왕궁, 재판정, 감옥, 화약 창고, 금고 등 다양한 용도로 활용되었던 곳으로 오늘날에도 공식적인 업무가 있을 때만 사용된다. 대통령의 취임식도 이곳에서 거행하는데 1922년 '아일랜드 자유국'의 위치를 얻을 때까지 아일랜드의 영국 통치 행정의 본거지였던 역사적인 곳이기도 하다. 더블린 성 맞은편에 바이킹과 중세시대의 건물을 둘러볼 수 있고 남쪽으로 5분 남짓 내려오면 성 패트릭St. Patrick's 성당을 관람할 수 있다.

성 패트릭 성당은 아일랜드에서 가장 큰 교회로 현재 건물은 1220년에 지어졌다. 패트릭이 아일랜드에 와서 이교도들에게 기독교를 전파하면서 세례를 주던 우물가 근처에 그의 방문을 기념하여 지은 교회이다. 외관으로 보이는 성당의 모습은 화려해 보이지 않았지만 내부에 들어갔을 때의 내부 건축과 치장은 이탈리아나 스페인, 프랑스의 대성당과 비교해도 손색이 없을 정도였다. 화려한 스테인리스와 미사를 봉헌하는 시설, 내부 조각 하나하나에서 오랜 시간에 걸친 정성과 장인의 손길이 느껴졌다.

성 패트릭 성당의 역사와 함께 하고 있는 걸리버 여행기의 작가 조너선 스위프트가 이곳에서 그의 평생의 연인 에스터 곁에 잠들어 있다는 사실이다. 작가인 조너선 스위프트는 한때 성 패트릭 성당 주임 사제이기도 했다.

성 패트릭 성당 외부와 내부

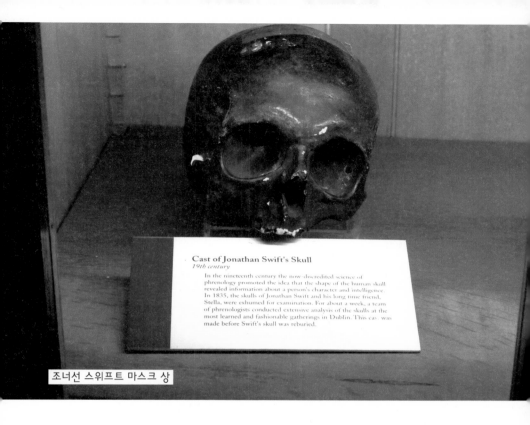

Cast of Jonathan Swift's Skull
19th century

In the nineteenth century the now-discredited science of phrenology promoted the idea that the shape of the human skull revealed information about a person's character and intelligence. In 1835, the skulls of Jonathan Swift and his long time friend, Stella, were exhumed for examination. For about a week, a team of phrenologists conducted extensive analysis of the skulls at the most learned and fashionable gatherings in Dublin. This cast was made before Swift's skull was reburied.

조너선 스위프트 마스크 상

유적지와 유명한 건물들에서 우리가 잘 알고 있는 사람의 흔적을 발견하면 더욱 친근감이 가기 마련이다. 한 곳에는 성당 내부에는 그의 체취를 느낄 수 있는 얼굴 마스크 상이 보관되어 있었다.

고풍스러운 유적지, 건물 그리고 교회를 본 후 서쪽으로 5분 정도 걷다 보면 아일랜드를 상징하는 흑맥주 기네스 공장 Guinness Store 을 만나게 된다. 아일랜드를 상징하는 하프를 기네스의 상징으로 사용하여 기네스 맥주가 나라를 대표하는 듯한 혼동을 주기도 한다. 더블린 성을 설명하는 가이드가 더블린 성에 표시된 하프를 설명하면서 기네스 맥주가 이를 사용하는 것에 대한 아쉬움을 표하던 생각이 났다.

하지만 기네스가 아일랜드를 대표하는 맥주임은 틀림없다. 꽤 씁쓸하면서도 달콤 쌉싸름한 맛을 가지고 있으며 만들 때 보리를 볶아서 쓰기 때문에 색이 까맣고, 흑맥주의 특성을 잘 간직하고 있다. 거품이 마치 크림 같아, 라거를 크림으로 만든 듯한 느낌이 독특하다. 기네스 공장에서 막 숙성해서 만든 생맥주는 캔이나 국내에서 마시는 맥주와 차이가 있었다. 기네스 맥주 역사의 시작은 더블린에서 18세기 후반부터이다. 당시 처음 만든 사람인 아서 기네스의 이름을 따서 기네스 맥주라고 이름했다.

아서 기네스Arthur Guinness는 1759년에 버려진 양조장을 1년에 45파운드씩 9천년간 임대 계약을 체결했다. 그 뒤에 10년간 동네 양조장으로 활용하다가 영국으로 수출을 시작하면서 유명세를 치르기 시작한다. 참고로 기네스 가문은 아일랜드 토박이였는데도 가톨릭이 아니라 성공회를 믿어 아일랜드인들이 독립을 외치던 때 가문의 사

기네스 공장 외부

람들이 죽는 일이 벌어지기도 했다.

기네스 맥주는 일반 펍에서 큰 맥주잔을 4.5유로 정도에 판매하는데 맥주이지만 양주라는 느낌이 드는 매력적인 맥주이다.

[기네스 맥주와 기네스북]

기네스북(Guinness Book)은 기네스사가 1955년 8월 27일 처음으로 〈기네스북〉을 펴냈는데, 이 책은 술집에서의 사소한 내기나 논쟁을 돕기 위해 고안된 심심풀이용 책이었다. 지금은 기록경신의 등록장으로 세계적인 흥미와 관심의 대상이 되고 있는 세계적인 기록집이다.

기네스 공장 투어를 하다 보면 마지막 단계에 기네스 맥주를 따르는 코스가 있다. 따르는 코스를 실습하고

기네스 맥주 따르는 법

조교의 검증과정을 거치면 기네스 맥주 따르는 자격증을 받고 맥주를 시음할 수 있는 과정을 거친다. 기네스 맥주를 따르는 방법은 잔을 45도로 기울여서 3/4 정도를 따르고 맥주가 가라앉아서 검게 변할 때까지 기다렸다가 검게 색깔이 변하고, 거품이 모두 가라앉을 때 나머지 1/4을 채우는데 끝에 거품이 2cm 정도 있게 따르는 것이 술 따르는 법이다.

기네스 공장 견학 중 기네스 맥주 따르는 법 시연

　　기네스 공장 견학은 사전에 한국에서 인터넷으로 기네스 맥주 사
이트(Guinness-storehouse.com)에서 온라인 예약을 하면 현지보
다 저렴하게 티켓팅을 할 수 있다. 더블린 남동쪽 지역 여행도 반나
절이면 충분하다.

　　세 번째로 리피강 북쪽 더블린 여행을 정리하면 더블린의 중심
이라고 하는 오코넬 거리O'connell Street를 따라서 펼쳐지는 고풍스러
운 거리와 기념 동상, 기념탑, 제임스 조이스James Joyce 관련 동상과
박물관, 중앙우체국, 아일랜드를 빛낸 작가들의 박물관, 에비극장
Abbey Theatre, 커스텀 하우스Customer House와 감자 대기근 동상 등등이
볼거리다.

　　1924년 더블린 시의회는 민족주의자인 대니얼 오코넬을 기리기
위해 거리명을 오코넬 거리로 바꾸었다. 그런 만큼 거리에는 그의

오코넬 동상

동상이 세워져 있으며 비가 오나, 눈이 오나 거리를 내려다보며 더블린을 지키는 수호신 같은 역할을 하고 있다. 오코넬 거리에서 가장 유명한 것은 중앙우체국이며 이 거리는 아일랜드 내전 당시의 더블린 전투의 주전장으로도 유명하다. 오코넬 거리 중간에 높은 120미터 첨탑이 있는데 이는 아일랜드의 고도성장을 기념하기 위해서 세워졌다고 한다.

오코넬 거리 중간을 걷다 보면 격식 없이 만들어져 누구나 편안하게 느끼는 영국신사 같은 동상을 만나게 된다. 이 사람이 제임스 조이스 James Joyce 이다. 제임스 조이스James Augustine Aloysius Joyce(1882년 2월 2일 ~1941년 1월 13일)는 아일랜드 더블린 출신의 소설가, 시인, 그리고 극작가이다. 그의 유명한 소설은 〈율리시즈〉(1922)와 매우 논쟁적인 후속작 〈피네간의 경야〉(1939), 단편인 〈더블린 사람들〉(1914), 반자전적 소설 〈젊은 예술가의 초상〉(1916) 등이 있다. 제임스 조이스는 성인이 되어서 대부분의 삶을 조국인 아일랜드 밖에서 보냈지만 그의 정신적, 가상적 세계는 그의 고향인 더블린에 뿌리 깊게 자리 잡고 있다. 더블린은 그의 작품 속에 많은 부분을 차지하고 있으며 그의 작품 세계에 반영되었다. 그는 영문학계 가장 위대한 작가 중 한

오코넬 거리에 있는 제임스 조이스 동상

명으로 영문학에 지대한 영향을 끼친 인물이다.

더블린이 문학 도시임을 보여주는 상징은 작가박물관Writers Museum 이다. 작가박물관에는 많은 아일랜드 작가들의 흉상과 작품들이 전시되어 있다. 작가박물관은 오코넬 거리를 조금 지나 북으로 가면 도달한다. 작가박물관은 4명의 아일랜드 출신 노벨 문학상 수상

오코넬 거리 기념첨탑과 동상

자와 아일랜드 문학을 기리고, 작가들의 삶과 작품 활동을 보여주어 아일랜드 문학에 대한 흥미를 높이기 위해 설립되었다. 1991년 11월에 개관하였고 박물관은 18세기에 지어진 건물을 그대로 사용하고 있다. 아일랜드의 대표적인 작가인 조너선 스위프트Jonathan Swift, 제임스 조이스James Joyce, 조지 버나드 쇼George Bernard Shaw, 윌리엄 버틀러 예이츠William Butler Yeats, 패트릭 피어스Patrick Pearse 등의 작품, 초상화, 개인 물품 등이 전시되어 있다. 문학에 관심이 있는 사람이라면 작가박물관과 제임스 조이스 박물관을 보면 좋을 듯하다. 화려하지는 않지만 작가박물관을 관람하고 나니 아일랜드의 문학적 자신감이 그곳에 숨어 있음을 느낄 수 있었다.

작가박물관(Writers Museum)

애비 극장Abbey theatre은 국립극장이다. 1904년 세워져 극장으로서 역사도 깊지만 아일랜드 민족 연극 운동의 중심지였다는 점에서 더 큰 역사적 의미를 가지는 공간이다. 19세기 후반 아일랜드에는 '아일랜드 문예부흥'Irish literary renaissance이라고 불리는 문예운동이 시작됐으며 민족을 자각하고, 영국으로부터 독립을 추구하는 것이 당시 이 운동의 취지였다.

운동을 주도한 아일랜드의 극작가 윌리엄 예이츠William Butler Yeats

(1865~1939)가 1904년 영국의 극장 운영자였던 애니 호니만_{Annie} Horniman(1860~1937)의 도움을 받아 극장을 세웠고, 이후 애비 극장은 예이츠를 평생 지지했던 극작가 오거스타 그레고리_{Isabella Augusta} Gregory(1852~1932)를 비롯해 아일랜드 민족주의 작가들을 대거 발굴하며 아일랜드 근대 연극의 전성기를 이끌었다. 2004년까지 애비 극장에서는 존 M. 싱_{John M. Synge}, 숀 오케이시_{Sean O'Casey}, 유진 오닐 _{Eugene O'Neill} 등 아일랜드를 대표하는 극작가들의 신작 740편과 기존 연극 작품 1,000여 편이 상연되었다.

리피강을 끼고 동쪽으로 오면 세관건물_{Custom House}과 그 앞에 아일 랜드 사람들에게는 기억하고 싶지 않은 1845년부터 1850년까지 감

리피강의 갈매기

자 잎마름병에 의한 감자 대기근으로 100만 명이 죽었던 아픈 과거를 동상으로 재현시켜 가슴으로 새기고 머리로 잊지 않으려는 흔적을 볼 수 있다. 내가 보아도 굶주림에 죽은 자식을 등에 업은 아버지의 아픔이 느껴지는 동상이다. 동상으로 만들어진 사람들도 피골이 상접한 모습으로 당시의 상황이 어떠했는지 가늠할 수 있을 정도다.

리피강 북쪽도 반나절 여행을 하면 거의 볼 수 있다. 시간적 여유가 있으면 리피강을 따라서 강변 산책을 한다면 강을 따라 지어진 건물과 다리의 낭만을 즐길 수 있다. 강변 산책 중 만난 한가로이 리피강을 날아다니는 갈매기들은 삶에 지친 더블린 사람들에게 위안을 주는 존재처럼 생각이 들기도 했다.

2) 두더블린 여행(버스여행)

충분한 여행시간이 없는 여행객이 시간을 절약하고 핵심관광지만 더블린 여행을 하고자 하는 사람들이라면 두더블린DoDublin이라는 시내 투어버스를 이용한 여행을 추천한다. 더블린의 유명 여행지를 15분마다 버스가 운행하면서 관광객이 주요지점을 여행하고 나오면 바로 버스가 순환하면서 더블린 관광을 할 수 있게 하는 시내 관광투어버스이다. 두더블린은 24시간 동안 이용할 수 있는 종이카드를 지급하는데 비용은 성인 19유로, 학생과 시니어는 17유로이며 운행시간은 오전 9시부터 오후 5까지이며 배차 간격은 15분이다. 48시간도 있는데 어른은 22유로 학생과 시니어는 20유로이다.

감자 대기근을 상징하는 동상

두더블린 버스

　자세히 보고자 하는 사람은 48시간을 끊으면 충분하고 빠르게 보고자 한다면 24시간을 이용하자. 버스는 이층버스로 1층은 일반 버스처럼 되어 있고 2층은 1/3 정도 지붕이 있는 구조로 되어 있다. 운행코스는 앞에서 설명한 대부분의 주요 관광지역을 순회하는 코스며 내리지 않고 버스에서 투어하는 시간은 대략 1시간 30분 정도 소요된다.

2. 더블린 펍 음악여행

1) 템플바(Temple Bar) 거리 중심 펍

　더블린은 펍의 도시라고 해도 과언이 아닐 정도로 펍과 바가 많은 곳이다. 이곳에서는 술, 사람, 관광객, 그리고 그들의 음악이 존재하는 곳이다. 도심의 펍과 바는 지방 소도시의 펍과 바와는 조금 다른 부분이 있다면 아일랜드 전통 음악뿐만 아니라 록과 팝음악도 연주된다. 지방의 소도시로 가면 전통음악인 아이리시 음악에 집중하는 측면이 강하다. 그래서 소도시에 있는 사람들에게 도심(특히 더블린) 아이리시 펍 음악 얘기를 하면 조금은 무시하는 듯한 표정을 짓고 자신들이 정통음악을 한다는 자부심이 강했다. 내가 많은 곳의 아이리시 음악을 펍에서 들으며 느낀 건 도심은 크로스 오버적이고 펍적인 요소를 가미한 측면이 있다면 소도시의 음악은 아이리시적인 요소가 강하게 담겨 있다는 점이었다.

템플바 거리에 아이리시 음악을 지속적(관광 비수기 포함)으로 연주하는 곳은 템플바를 중심으로 좌우에 위치한 펍에서 행해지고 있

아일랜드 음악 연주를 하는 밴드(기타와 밴조 연주자)

다. 내가 음악을 들으며 그들 음악 특징을 정리하며 펍의 문화와 아일랜드 음악을 새로운 각도에서 조명하고자 했던 것이 나의 여행 목적이었다.

신사 복장을 하고 펍에 온 멋쟁이 손님

기타, 밴조의 협주는 가장 기본적인 구성이다. 기타의 은은한 연주에 밴조의 강한 리듬이 접목되는 연주이다. 마이크를 쓰면서 기타 연주자가 연주하는 모습을 듣고 보자면 미국의 컨트리음악을 듣는 듯한 느낌을 버릴 수 없었다.

컨트리 음악과 아이리시 음악이 아버지와 아들처럼 5음계를 사용한다는 공통점이 그 뿌리가 같음을 느낄 수 있는 배경이었다. 특히 템플바 옆에 있던 아이리시 음악을 연주하는 펍에서 한국인 직원을 만나게 되어 더욱 인상이 깊었고 영국신사 차림의 중년이 말을 걸어와 함께 하는 시간도 보냈다.

특히 이 펍은 일찍 음악을 시작하여 다른 펍이 음악을 시작하는 시간인 저녁 9시까지의 시간을 보낼 수 있게 해줘서 다행이었다. 템플바 거리에서 쉽게 찾을 수 있다.

템플바는 너무도 유명한 곳이고 나도 사전에 많이 들었던 곳이다. 화려한 템플바의 외관도 그렇고 실제로 공연이 시작하는 시간 전에 바의 홀이 손님으로 가득 찼고 내가 이른 시간에 갔을 때도 자리를 잡을 수 없었다. 공연도 다양하게 이루어졌고 아코디언, 기타, 피들의 조합으로 노래 없이 연주만 하였다. 기타의 리듬과 피들의 강렬

템플바 내부 아일랜드 음악을 연주하는 뮤지션

함에 아코디언의 사운드가 홀을 가득 메운 관람객을 압도하였다. 일반적인 바에서 연주하는 형태는 펍의 손님 테이블 한 곳을 잡아 연주하는 형태가 대부분이지만 템플바는 명소답게 별도의 무대를 홀보다 높은 위치에 두어 많은 손님이 보고 즐길 수 있게 하였다.

이런 곳은 주류를 시키지 않고 몇 곡 정도 듣고 나와도 큰 문제가 없는 곳이다. 템플바는 더블린에 사는 사람보다는 관광객이 많이 찾는 곳이라 조금은 아이리시 음악도 하지만 대중적인 음악을 많이 하는 곳이다.

일반적으로 아일랜드 펍에서 연주가 이루어지는 형태는 처음에는 아주 중심이 되는 악기로 연주하다가 시간이 흐르면서 밴드 멤버와 악기가 추가되는 형태이다. 처음에는 2명(기타와 밴조, 기타와 피들…)

템플바 거리의 펍

이 시작을 하다가 피슬, 아코디언, 바우런… 등등이 가세하여 다양한 연주를 하며 협주로 음악의 완성도를 높여갔다.

    기타 2대에 아코디언, 밴조의 연주는 전통적인 아이리시 음악을 듣는 듯했다. 위 사진에서와같이 손님이 앉는 테이블 하나를 잡아 연주를 하고 그 주변으로 관객이 모이는 형태의 공연 문화가 일반적이다. 그리고 그 주변에서 춤을 추거나 아이리시 탭 댄스를 추며 여흥을 즐긴다. 이런 밴드들이 공연을 하는 시간은 1시간 내외이다.
    올드 더블리너Auld Dubliner도 템플바의 중심에 위치한 펍으로 별도의 무대를 만들어 놓고 연주를 했는데 전통적인 아이리시 연주보다는 전기적인 사운드로 기타를 치며 노래를 하는 모습이 우리나라의 라이브 공연을 하는 술집 느낌이었다.

2) 템플바 거리 이외의 펍과 바

　　템플바 거리를 중심으로 아이리시 전통음악을 연주하는 곳이 많
지만 템플바 거리 이외 더블린에는 라이브로 연주를 하는 펍이 곳
곳에 있다. 템플바 거리가 전 세계에서 찾아온 관광객을 위한 곳이
라고 한다면 그 외 지역은 더블린에 사는 더블리너와 관광객이 섞인
구조이다. 외국인이 많이 오는 성수기에는 조금 일찍부터 연주를 하
지만 많은 펍이 늦은 시간부터 아이리시 전통음악을 연주한다. 내가
주로 펍을 찾았을 때는 보통 저녁 9시 30분 정도 전후였다.

오코넬 거리 펍

더블린 시내 펍

2장

시인 예이츠의 도시 슬라이고

1. 슬라이고(Sligo) 지역 여행

더블린에서 차를 렌트하고 자동차 전용도로를 따라서 2시간 30분 정도 북서쪽으로 운전을 하고 가면 아일랜드의 서해안에 위치한 슬라이고Sligo에 도착한다. 슬라이고 도착 전에 예이츠의 시에 나오는 길 호수Lough gill를 먼저 보는 것이 여행 동선상 맞기에 이니스프리Isle of Innisfree 섬이 있는 길 호수에서 시인 예이츠의 자취를 보고 슬라이고로 향했다. 슬라이고는 아름다운 자연경관과 예쁜 마을들을 둘러볼 수 있다. 슬라이고는 윌리엄 버틀러 예이츠W.B YEATS라는 위대한 시인의 수많은 작품에 영감을 선물한 곳이다.

슬라이고 시내의 예이츠 동상

슬라이고는 위대한 문학가의 문학적 토양을 제공했을 뿐만 아니라 이곳의 자연환경은 자전거, 골프, 윈드서핑, 그리고 하이킹을 비롯한 다양한 여가활동을 즐기며 휴양을 할 수 있는 곳이기도 하다. 슬라이고는 문학가나 시인이 아니라 할지라도 이곳에 있는 누구나 예이츠 시인의 문학적인 기운을 받는 듯한 묘한 느낌이 있다. 웅대한 자연의 위용이 있는 곳도 아닌데 잔잔한 호수의 평온과 조용한 항구도시의 속삭임이 나를 문학과 시의 세계로 끌어들이는 기운이 나도 모르게 느껴졌다. 슬라이고에는 문학적인 부분을 느끼고 볼 수도 있지만 아일랜드의 풍부한 고고학 및 신화 관련 유산을 볼 수도 있는 곳이기도 하다.

　나는 오르지 못했지만 암석 지대인 벤블벤Ben Bullben으로 올라가 보면 색다른 슬라이고 여행을 즐길 수 있지 않을까 생각해본다. 벤블벤은 수천년 동안 아일랜드 문화와 신화에 중요한 역할을 한 거대한 석회암 암

벤블벤(Ben Bullben)

석으로 슬라이고를 여행하는 동안 단연 눈에 띄는 랜드마크였으며 산기슭과 정상을 가로지르는 트레일이 있다. 빙하 시대에 형성된 이 경이로운 자연 명소는 아일랜드의 가장 독특한 산 중 하나이다. 정상에서 내려다보이는 슬라이고와 주변의 풍광은 기가 막힌 전망을 제공한다. 경사가 완만한 남쪽 지역은 방문객 대부분이 어렵지 않게 등산할 수 있다고 하니 슬라이고를 방문한다면 꼭 놓치지 않길 바란다.

슬라이고는 시인 예이츠로 인한 관광 효과가 대단하다. 슬라이고 지역 곳곳에 그의 자취가 남겨져 있어서 세계 각국에서 온 관광객과 문학 지망생들이 그의 체취, 향취를 느끼고자 한다. 슬라이고 시내 예이츠 동상은 시로 만들어진 옷을 입고 자신을 찾아온 관광객들에게 시인이 못다 쓴 시를 지금도 쓰고 있지 않나? 하는 생각이 들게 한다. 슬라이고시와 주변에 그를 느낄 수 있는 곳이 무척 많다. 카운티 박물관을 방문하여 예이츠관Yeast Room을 보면 이 위대한 시인과 관련된 문헌, 사진과 서신을 구경할 수 있다. 슬라이고 카운티 박물관은 슬라이고 도심에서 조금만 걸어가면 닿는다.

슬라이고와 주변 마을에서는 다양한 산장, 게스트하우스와 호텔 등 쾌적한 숙박시설을 찾을 수 있다. 슬라이고는 아일랜드에서 가장 아름다운 지역 중 하나로 널리 인정받고 있다. 슬라이고에서 멀지 않은 위치에 있는 로제스 포인트Rosses Point라는 슬라이고 항구Sligo Harbor에서는 해안을 둘러보며 등대와 아름다운 섬으로 둘러싸인 대서양의 멋진 전망을 볼 수 있다. 또 바다에서 수영을 하거나 해안 옆의 풀밭에서 피크닉을 하고 만에서 낚시를 즐길 수도 있다.

항해를 떠난 애인을 기다리는 모습의 웨이팅 온 쇼어

로제스 포인트에서는 또 지평선 너머로 옥스산맥Ox Mountains과 노크나리아Knocknarea, 그리고 벤블벤Ben Bulben 등 특유의 지형을 감상할 수도 있다. 항해를 떠난 연인이 무사 귀환하여 다시 만날 날을 기다리며 바다를 향해 두 팔을 펼친 모습의 청동상 웨이팅 온 쇼어Waiting on Shore 기념비에서는 여인의 애절함이 느껴진다.

슬라이고와 예이츠 컨트리라는 곳을 여행하며 예이츠를 만나는 아쉬움을 뒤로하고 북쪽으로 30분 정도 더 올라가 서핑의 마을인 시골 도시 번도란Bundoran에서 시골의 여유와 평화로움을 만끽했다.

토탄을 때는 번도란 펍 전경

번도란은 대서양을 바로 접하고 있는 곳이어서 바람이 강하여 윈드서핑을 즐기는 사람들에게 사랑을 받는 곳이다.

번도란 바닷가

2. 예이츠 문학여행(예이츠 컨트리)

이니스프리의 호수섬

(William Butler Yeats)

나 일어나 이제 가리, 이니스프리로 가리.

거기 욋가지 엮어 진흙 바른 작은 오두막을 짓고,

아홉 이랑 콩밭과 꿀벌통 하나

벌 윙윙대는 숲 속에 나 혼자 살으리.

거기서 얼마쯤 평화를 맛보리.

평화는 천천히 내리는 것.

아침의 베일로부터 귀뚜라미 우는 곳에 이르기까지.

한밤인 온통 반짝이는 빛

한낮인 보라빛 환한 기색

저녁인 홍방울 새의 날개 소리 가득한 그 곳.

이니스프리 섬

나 일어나 이제 가리, 밤이나 낮이나
호숫가에 철썩이는 낮은 물결 소리 들리나니
한길 위에 서 있을 때나 회색 포도 위에 서 있을 때면
내 마음 깊숙이 그 물결 소리 들리네.

The Lake Isle of Innisfree

(William Butler Yeats)

I will arise and go now, and go to Innisfree,
And a small cabin build there, of clay and wattles made:
Nine bean-rows will I have there, a hive for the honey-bee,
And live alone in the bee-loud glade.

And I shall have some peace there, for peace comes dropping slow,
Dropping from the veils of the morning to where the cricket sings;
There midnight's all a glimmer, and noon a purple glow,
And evening full of the linnet's wings.

I will arise and go now, for always night and day
I hear lake water lapping with low sounds by the shore;
While I stand on the roadway, or on the pavements gray,
I hear it in the deep heart's core

길 호수 주변 풍경

시 〈이니스프리의 호수섬〉은 아일랜드 출신인 예이츠 시인이 런던에 거주할 당시, 고향의 아름다운 자연에 대한 그리움을 노래한 시이다. 당시 상황으로 보면 영국 런던에서 자신의 조국을 그리워하는 시로도 볼 수 있다. 시는 콘크리트로 상징되는 대도시의 우울함과 답답함 속에서도 시인이 꿈꾸는 자연의 아름다운 모습을 시 읽는 모두에게 상상할 수 있도록 해 준다. 또 시인의 마음속에 동경하고 있는 이상향으로 이니스프리 호수섬의 정경이 잘 그려져 있다. 내가 본 길 호수의 이니스프리 섬은 기대와는 매우 달랐다. 시골길을 굽이굽이 돌아 찾은 섬은 예이츠 시인이 그리워하던 시의 섬과는 많은 차이가 있는 평범한 호수의 섬이었다. 하지만 길 호수를 여행하면서 실망은 이해로 바뀌었다. 아기자기하면서 잔잔한 호숫가와 작은 야산이 조화를 이루며 시인의 어릴 적 추억을 담아낼 만큼 인상적이었다.

길 호수에 있는 파크스 성(Parkes castle)

길 호수를 따라 시인의 자취를 느끼고 슬라이고 시내를 거쳐 여름이면 예이츠와 그의 동생이 추억을 쌓았던 로제 포인트_{Rosses Point}를 지나 예이츠의 추억이 담긴 리사델 하우스_{Lissadell House}를 찾았다. 리사델 하우스도 대중교통 수단으로는 접근하기 어려운 곳이기에 계획을 잘 짜야 한다. 내가 방문한 시기에는 개방을 하지 않고 있어서 밖에서만 볼 수밖에 없었다.

길 호수 안내도

성당 옆에서 일반인들과 같이 잠들어 있는 예이츠의 묘를 보니 평범한 인간으로 돌아가고픈 그의 소박함을 느낄 수 있었다.

그의 묘를 둘러보고 아쉬움에 그를 기리는 마음으로 성당 주변을 걸었다. 작은 시내가 흐르고 있고 호젓한 길을 걷다 보니 시인이 죽어서도 시를 쓸 수 있겠다는 생각이 들 만큼 풍광이 빼어났다.

예이츠 묘 근처의 오솔길과 개울

시인 예이츠가 묻힌 성당

예이츠 묘와 묘비

3장

하늘이 내려준 자연경관
코네마라(Connemara) 국립공원

번드란Bundoran을 출발하여 다음 목적지인 골웨이Golway로 향했다. 골웨이를 가기 위해서는 슬라이고를 지나 웨스트포트Westport를 거쳐 코네마라 국립공원이 있다. 코네마라 국립공원은 초원과 양들이 평안하게 풀을 뜯는 곳이면서도 아름다운 풍광이 곳곳에 펼쳐져서 운전에 집중할 수 없을 정도였다. 중간 중간 좁은 도로에서 사진을 찍고 풍광을 감상

코네마라 국립공원으로 향하는 좁은 길

할 수 있는 포인트(주차할 수 있는 공간)가 있었지만 아름다운 풍경을 놓치고 싶지 않은 나의 인내로는 어려움이 많았다. 코네마라 국립공원에 대한 정보를 인터넷과 책을 통해 얻고 갔지만, 좀 더 현지의 생생한 정보를 얻는 좋은 방법은 현지에서 만나는 주민이나 가게, 펍 같은 곳이다. 이들은 책이나 인터넷에서 얻을 수 없는 여행자가 원하는 정말 맞춤정보를 제공해 주는 정보원이 될 수 있다.

코네마라 국립공원 가는 시골에서 만난 바

코네마라 지역은 그들의 언어인 게일어를 사용하고 보존하기 위한 노력을 하는 지역으로 정부에서도 게일어의 사라지지 않도록 지원을 아끼지 않고 있다. 1845년부터 1850년까지 아일랜드 감자 대기근이 들었을 때 아일랜드 전역이 피해를 보았지만 특히 심한 지역 중 한 곳이 코네마라 지역이었다.

코네마라 풍경

코네마라는 당시 전역에서 많은 인구가 기근의 직격탄을 맞았다. 가난하고 힘들었던 아픈 역사를 가지고 있는 이 지역의 기억을 되살리게 하는 게 있다면 현재까지도 사용하는 검은 석탄인 토탄이다.

토탄은 아일랜드의 주요 난방원으로서 코네마라 지역의 토질에서 쉽게 얻을 수 있다. 코네마라 지역을 여행하다 보면 토탄을 캐내어 말리는 모습도 쉽게 발견할 수 있는데 가정집이나 다중 음식점, 펍 같은 시설에서 난방을 위해 토탄을 태우는 냄새는 그들의 향취를 느끼게 한다. 토탄은 그들의 역사를 느끼게 하는 강한 냄새가 배어있고 그들의 슬픈 (?) 역사를 느끼게 한다. 코네마라 국립공원 관광 중에 빼놓을 수 없는 곳을 꼽으라면 단연 킬레모어 Kylemore Abbey 수도원이다.

킬레모아 수도원

킬레모어 수도원의 유래는 1871년 영국 맨체스터의 부호 미첼 헨리가 이곳 경치에 매료되어 아내 마가렛의 생일 선물로 여기에 집을 지어 주기로 하면서 건립된 건물이다. 앞에는 그림 같은 호수가, 뒤에는 산이 병풍처럼 둘러서 있는 이 성에서, 부부는 슬하에 아홉 자녀를 두고 행복하게 살았다.

행복도 잠시 그들의 행복을 악마가 시기했는지 그들에게 급작스러운 일이 벌어진다. 1874년 부부의 이집트 여행 중 아내가 갑자기 병에 걸려 45세의 젊은 나이로 사망한다. 그녀의 죽음을 추모하기 위해서 미첼 헨리는 고딕 양식의 교회를 지었다 한다. 아름다운 고딕 양식의 교회는 현재 수도원으로 기도로 정진하는 수녀들에게 더없이 좋은 곳으로 활용되고 있다.

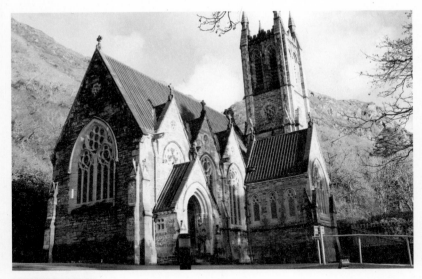

수도원 내의 교회

사랑하는 아내를 위해서 성을 만든 남편 미첼은 1910년 85세로 사망할 때까지 재혼하지 않았다는 로맨틱한 사랑 이야기가 아름다운 풍경과 어울리며 더욱 깊은 인상을 남기게 했다. 수도원 내에 아름답게 만들어진 빅토리아 월드 가든은 수도원만큼 인기가 높다고 하며 이 가든은 원주인인 미첼 헨리가 애정을 가지고 가꾸고, 꾸민 곳으로 지금도 그의 정성을 느낄 수 있다. 수도원은 원래 성으로 지어졌으나 이후에 수도원으로 사용하기 위해 기존 성의 구조를 개조하여 방을 수도원 숙소와 공부를 하는 곳으로 만들어 오늘에 이르고 있다.

해외의 많은 나라에서 수도원에 온다는데 한국 수녀님도 참석했다는 설명을 들으니 더욱 관심이 갔다. 수도원을 중심으로 한 풍광과 주변 환경이 너무 아름다워 마치 세상에서 천국을 보는 듯하였다. 성과 함께 아름다운 정원 역시도 미첼 헨리에 대한 사랑이 지금까지 전해져 내려오는 듯 아름답고 찬란하기만 했다. 내가 방문했을 때 수도원은 보수 중이었고 수도원을 지키는 수녀님을 보노라니 숙연해짐을 느꼈다.

깎아지른 절벽과 절벽 앞을 흐르는 강물은 속세에 찌들어 살아가는 이곳을 찾는 관광객의 마음을 정화시켜주고 '욕심을 버리고 살라'는 명령을 하는 듯한 울림으로 다가왔다. 우리나라의 산속에 있는 사찰보다 더욱 멀리 세상과 떨어져 있는 수도원의 모습이 인상적이었다. 킬레모아 수도원에 있는 자체만으로도 수도를 하는 듯하고 전 세계 수도원을 통틀어도 이만한 환경의 수도원을 찾을 수 없을 듯싶었다.

킬레모아 수도원을 전부 관람하는 데는 2~3시간 내외면 충분하다. 수도원 내부를 걸어서 다닐 수도 있지만 몸이 불편한 사람이나 시간 여유가 없는 사람을 위해서 내부 셔틀이 있어 수도원과 정원을 운행하며 관광객을 실어 날랐다.

킬레모아 수도원에서 바라본 호수

빅토리아 월드 가든(마가렛 헨리가 꾸몄다는 정원)

킬레모아 정원(토탄을 말리는 모습)

4장

음악, 젊음, 낭만이 있는 골웨이(Galway)

1. 골웨이(Galway) 여행

슬라이고 북쪽 도두란을 출발하여 아일랜드의 서쪽 해안과 코네마라 국립공원을 거쳐 아일랜드를 대표하는 음악도시 골웨이Galway 에 도착했다. 골웨이는 더블린, 코크 다음의 아일랜드 제3의 도시로 인구는 7만

5천 명이 조금 넘는 아름다운 항구도시이다. 더블린도 여유 있게 도심을 걸어서 여행을 할 수 있는 곳이지만 골웨이는 더블린에 비교하면 훨씬 작아서 몇 시간이면 시내 전체를 둘러볼 수 있다. 골웨이의 첫인상은 아담하면서 포근함을 주고 처음 접하는 도시이지만 안정감을 주었다. 중심이라고 해야 30분 정도면 다 돌아볼 수 있는 곳으로 아기자기한 건물과 예쁜 상점들이 관광객에게 손짓하는 듯하다.

골웨이는 JTBC에서 방송했듯이 아일랜드의 문화와 음악을 즐길 수 있는 도시다. 윤도현, 이소라, 유희열이 버스킹을 한 장소와 음악여행은 그들 방송을 더욱 참신하고 차별화된 방송으로 시청자에게 다가서는 계기가 되기도 했다. 골웨이는 항구도시로 대서양의 해산물이 풍부한데, 그중에서도 굴은 세계 최고로 인정받는다. 매년 열리는 골웨이 굴까기 대회는 골웨이의 굴을 세계에 알리는 행사로 발전하고 있다.

JTBC 〈비긴 어게인〉 골웨이 공연장소

골웨이 시내

　골웨이 시내에는 젊은이들로 가득하고 항상 활기가 넘친다. 더블린, 코크 다음으로 큰 도시이지만 음악과 예술로는 아일랜드 제일 도시라고 할 정도로 음악을 사랑하는 사람들이 많은 곳이기도 하다. 더블린에서 대중교통 수단을 이용하면 2시간 30분 정도면 골웨이에 도착할 수 있다. 거리는 200Km 조금 넘는 거리로 짧은 일정으로 아일랜드를 보고 싶다면 골웨이를 여행하는 것이 좋을 듯하다. 짧은 아일랜드 여행을 하는 사람들이라면 더블린 ⋯ 골웨이 ⋯ 두린 ⋯ 모허의 절벽 ⋯ 더블린 일정으로 하는 것도 고려해볼 만한 코스다.

2. 골웨이(Galway) 펍 음악여행

골웨이는 음악을 좋아하고 아이리시 전통음악을 듣고 싶은 여행객이라면 꼭 한번 다녀가야 할 곳이다. 단순하게 관광만을 하고자 한다면 골웨이는 실망을 많이 할 수 있는 곳이다. 나는 아일랜드 음악여행을 하고자 할 때 꼭 들러야 할 곳 중에 핵심적인 곳으로 골웨이를 정해놓았다. 한국에서 알고 있는 아이리시 음악을 했던 친구가 음악을 공부한 곳도 골웨이라서 더욱 가보고 싶었다.

골웨이도 더블린처럼 펍과 바가 모여있는 거리가 있다. 300m 남짓한 거리에 모든 펍이 모여있어 아이리시 음악을 하는 펍을 찾기는 어렵지 않다. 더블린에서의 오염되고(?), 사무적인(?) 아이리시 음악을 들었다

골웨이의 라이브 음악을 하는 바들

펍에서 연주하는 아일랜드 전통음악 뮤지션(피들, 하모니카, 플룻, 밴조 연주)

면 이곳은 조금 정감 있고 아일랜드적인 무대들이 만들어져 공연을 한
다. 심지어 노래를 하면서 코메디를 하는 듯한 무대 모습은 힐링을 하
고 음악을 들으러 온 많은 관광객에게 위안을 주고 웃음을 선사한다.

나는 골웨이 펍여행을 하면서 JTBC에서 공연한 곳을 우선 가고 싶
었다. 골웨이 중심가에서 JTBC에서 공연한 길거리 버스킹 장소와 윤도
현, 이소라가 음악을 한 펍을 찾아보았다.

골웨이는 밝은 낮보다 어두운 밤이 되면 특유의 화장한 모습을 드러
내기 시작한다. 바와 펍들도 기지개를 켜고 손님을 맞을 준비를 하고 활
기를 띤다. 나는 아이리시 음악을 들고자 한 측면도 있지만 그들 음악
을 통해서 아일랜드 사람들의 삶과 음악은 어떤 관계인가를 알고 싶은
부분이 더욱 컸다. 우리가 듣는 음악의 세션_{Session}(여러 사람이 모여서
연주하는 것)이 이루어지는 것을 볼 수 있는 곳도 골웨이의 펍이다. 골

웨이에서 여러 곳의 라이브 아이리 전통음악을 하는 곳을 찾았지만 깊이 있게 음악을 들을 수 있는 곳을 추천한다면 두 곳이다.

이곳의 연주는 작게는 4~5명에서 많게는 7~8명까지 합주를 하는 형태로 다양한 아이리시 전통악기가 합세하여 아일랜드 음악의 진수를 맛볼 수 있었다. 아일랜드 음악은 연주를 하는 것이 일반적이지만 가끔 노래를 부르는 사람이 끼어서 흥을 돋우고 이를 듣는 사람은 그들 삶을 노래로 들을 수 있어 더욱 흥미롭다. 펍에서 연주를 하는 사람들의 연령층은 다양했는데 20대부터 60~70대까지를 망라하고 있어서 음악을 즐기는 그들의 모습이 부러웠다. 음악을 하는 밴드들이 처음에는 2명 혹은 3명에서 시작을 하다가 음악 세션의 완성(?)을 이루는 시점이 되면 펍의 홀도 손님으로 가득 차고 흥겨워하는 사람은 좁은 무대 앞에서 흥을 마음껏 발산한다. 이런 광경을 처음 보는 사람들도 금세 춤을 추며 처음 보는 사람과 춤의 파트너가 되어 즐기는 모습을 보니 그들의 친화적인 문화가 엿보였다.

콘서티나 연주

아이리시 음악을 연주하고 노래를 부르다 흥에 겨워 오버하는 뮤지션의 모습

일리언 파이프, 피들, 플룻, 밴조, 바우런, 어코디언 등등이 협주를 이루는 사운드는 그들의 전통음악을 제대로 느끼게 해주었다. 아일랜드 밴드에서 기타는 적은 수의 인원이 협주를 하더라도 꼭 끼는 형태였으며 전체적인 협주의 기본을 제공하는 역할을 하고 있었다.

펍에서는 음악만 듣는 것이 아니고 사람과의 교류가 이뤄지는데 내 옆에 앉아서 대화를 나누던, 미국인 변호사 여인과의 만남이 기억난다. 그녀는 아버지가 아일랜드 사람이고, 일본인 어머니 사이에 태어났는데 아버지, 할아버지의 뿌리를 찾아 아일랜드 여행을 왔다며 펍에 들어오는 나를 보고 일본 사람으로 생각했다고 하였다. 연어가 수만 킬로를 헤엄쳐 자신이 태어난 고향을 찾는 것과 마찬가지로 수천만의 아일랜드계 인구가 아일랜드를 떠나 미국, 영국, 캐나다, 호주, 뉴질랜드로 이민해 살아가고 있지만 그들의 뿌리인 아일랜드 조국을 찾아오는 것이 아일랜드의 현재 모습이다.

아이리시 펍에서 아이리시 음악 연주자를 고용하는 데는 많은 비용을 줘야 한다는 얘기를 듣고 놀랐는데 많은 사람이 세션으로 연주하는 경우는 어떤지 궁금해졌다. 모처럼 골웨이에서 음악여행은 나의 음악적 갈증을 채우기에 부족함이 없었고, 빌딩 숲으로 가득 채워진 도심의 모습보다 문화와 음악으로 가득 채워진 골웨이의 모습을 보노라니 물질을 쫓아 살아가는 현대인에게 던지는 메시지가 강하게 전달되어 오는 듯했다. 골웨이는 확실히 아일랜드를 대표하는 음악 도시로서 손색이 없음을 눈으로, 귀로 그리고 가슴으로 확인할 수 있었다.

골웨이 펍거리에서 연주하는 버스커들

5장

천국의 길목 두린(Doolin)

골웨이를 출발하여 모허의 절벽을 가려면 지나는 곳이 두린이다. 두린으로 가는 길에는 오래된 성과 성당을 지나게 되고 바다를 지나 두린에 다다른다. 두린은 모허의 절벽 가까이 있는 곳이기도 하지만 아일랜드 음악의 중요한 지역으로 손꼽히는 몇 안 되는 곳이다. 아일랜드 음악의 중요한 지역으로는 클레어지역, 딩클지역, 그리고 두린이 손꼽힐만큼 전통음악을 연주하는 음악가와 펍이 많은 곳이다.

두린으로 가는 길의 풍경

골웨이를 출발하여 두린으로 가는 길에서 만난 성

　많은 관광버스들이 모허의 절벽을 가는 중간에 두린에 들러 식사도 하고 쉬어가기도 한다. 모허의 절벽에는 마땅한 위락시설이 없기 때문에 많은 관광객이 관광에 앞서 식사와 충전을 하는 장소로 활용되는 곳으로 이해하면 될 것 같다. 모허의 절벽에는 작은 식당이 있긴 하지만 많은 관광객이 식사를 하므로 쉴 수 있는 시설은 빈약하다.

현재는 무너져 일부만 남은 고성

　아침 일찍 골웨이를 출발하여 두린으로 향하는데 도로 주변으로 길가에 방치한 듯 한 오래된 고성들이 즐비하다. 자칫 잘못 이해하면 아일랜드 정부에서 유적지를 관리할 때 상태가 괜찮은 고성만을 관리하는가 싶을 정도다.

모허의 절벽에는 숙박시설이 없기 때문에 숙박시설이 많은 B&B가 있는 곳이 두린이고, 그러다 보니 이곳에서 쉬면서 음악을 즐기는 관광객 또한 많다. 나 역시도 원래 모허의 절벽을 충분히 트래킹하고 걸어서 주변을 여행하는 일정을 잡고 두린에서 음악여행과 숙박을 하려 했었다. 하지만 너무 공백시간이 너무 많아 두린과 모허의 절벽을 여행하고 애니스로 숙박을 정했다. 두린을 향하는 중간에 비가 왔다 그치기를 반복하는 날씨 속에 시간적 여유도 있고 해서 성스러운 성당을 지나게 되자 기독교 신자로서 성당에 들러 여행의 중요한 요소인 '자기성찰'의 시간을 가졌다. 성당에서 나왔는데 내 기도의 응답(?)인지 태어나서 처음 보는 아름다운 무지개가 아주 선명하게 성당과 마리아상 위에 펼쳐졌다. 마치 하늘의 선물을 받

성당, 마리아상 그리고 너무나 아름다운 무지개

은 것 같았고, 아일랜드에 왜? 문학가가 많은지를 그 순간 느낄 수 있었다. 눈앞의 선명한 일곱 색깔 무지개는 황홀할 정도였고, 내가 문학가라면 한 편의 시가 저절로 나올 만큼 황홀하고 아름다웠다. 어렸을 때 읊었던 영국 출신의 시인 워즈워스의 〈무지개〉라는 시가 머리를 스쳐 지나간다.

무지개

"하늘의 무지개를 바라볼 때면
나의 가슴은 설렌다.
내 어린 시절에 그러했고
나 어른이 된 지금도 그러하거니
나 늙어진 뒤에도 제발 그랬으면,
그렇지 않다면 나는 죽으리!
어린이는 어른의 아버지여라.
바라기는 내 목숨의 하루하루여
자연의 신비로써 맺어지기를"

(워즈워스)

여행을 하고 나면 인생처럼 후회와 아쉬움이 남듯 두린을 지나면서 숙박과 펍에서 아일랜드 음악을 듣고 감상하지 못했던 것이 내내 아쉬움으로 남는다. 아쉬움을 뒤로하고 다음 장소로 여행을 이어간다.

6장

죽기 전에 가봐야 할 절경
모허의 절벽(Cliffs of Moher)

아일랜드를 대표하는 관광지 하면 단연 모허의 절벽Cliffs of Moher이다. 모허의 절벽을 설명하는 것은 큰 의미가 없을 것이고 한 장의 사진이 더욱 사실적이고 실감 나지 않을까 한다.

3~4일 짧은 일정으로 아일랜드를 여행하는 사람이라면 대중교통 수단을 이용해 모허의 절벽을 여행하는 많은 방법이 있는데, 더블린이나

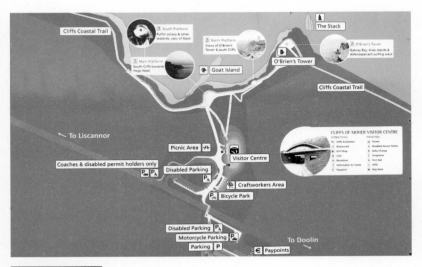

모허의 절벽 안내도

골웨이에서 출발하여 당일 돌아오는 일정의 여행사 여행을 이용하면 편하고 알차게 구경을 할 수 있다. 내가 알아본 바로는 더블린에서 아침(오전 9~10시 정도) 출발을 해서 오후 6시 전후에 돌아오는 여행사 일정을 활용하면 될 것 같다. 골웨이에서도 마찬가지이다. 물론 길이가 8Km에 달하는 모허의 절벽을 걸어서 돈다면 시간이 부족 할 수도 있다. 나와 같이 여행을 하는 사람에게는 맞지 않는 일정이다. 참고로 더블린에서 3시간, 골웨이에서 1시간 30분 정도 걸리는 거리라고 보고 일정을 잡는다면 무리가 없다.

죽기 전에 여행할 곳 100곳 중 하나로 선정된 모허의 절벽은 풍경이 너무 아름다워서 영화에 자주 등장하는 곳이다. 아일랜드 서해안과 대서양이 맞닥뜨리는 곳에 200미터 높이의 거대한 절벽이 8킬로미터나 늘어서서, 대서양의 거센 파도와 싸우고 있는 것이 바로 모허의 절벽이다.

모허의 절벽에 있는 성

모허의 절벽

　모허의 절벽 비경을 한눈에 구경할 수 있는 성이 있는데, 전해져 내려오는 이야기에 따르면, 마을에 사는 사람이 사랑하는 여인, 애인의 마음을 사기 위해서 가장 경치가 좋은 곳에 그 성을 지어 그녀의 마음을 얻으려고 했다고 한다.

　이 절벽이 도저히 접근할 수 없을 정도로 험한 것은 아니지만 바다에서 곧장 수직으로 솟아 있는 모습을 보면 감탄이 끊이질 않는다. 석회암 기단 부분은 약 3억 년 전에 따뜻하고 얕은 바다에서 형성되었으며, 이 위에 사암층이 연속으로 쌓여 있다. 퇴적물은 대규모 지각작용으로 형태를 갖추었고 바람과 비와 짠 바닷물이 암석을 깎아 내렸다. 파도는 지금도 끊임없이 절벽의 아랫부분을 내려치는 상황이고, 절벽 위에 있는 길을 따라 가장자리까지 가서 아래를 내려다보면 강한 서풍에 실려 위로 흩날리는 바닷물 세례를 받을 수도 있다. 바람이 거세게 부는 날이나 일기가 안 좋은 날은 모허의 절벽 여행길을 폐쇄하는 경우도 있으며 이곳을 여행하다 종종 사고로 목숨을 잃는 경우도 있다고 한다.

모허의 절벽을 선명하게 구경할 수 있는 날도 그리 많지 않아서 안개로 뿌연 장면을 보고 오는 경우도 많다. 내가 찾아간 날은 비가 뿌린 다음 맑게 개어 있는 날이어서 모허의 절벽을 여행하고 선명한 사진을 찍을 수 있는 행운이 따랐다. 하지만 좋은 일에 마魔가 낀다는 말처럼 황홀한 광경에 그만 홀리고 모허의 깎아지른 절벽 8Km를 걸을 심사로 물이 고여 있는 길, 진흙으로 안 좋은 길, 바위로 미끄러운 비탈길을 피해 절벽 길을 걷다가 사고를 당하게 되었다. 모허의 절벽을 걷는 길은 폭이 여유가 있었고 일부 구간에는 둑을 쌓아서 모허의 절벽 길과 양과 소를 키우는 사유지를 구분시켜 놓고 둑 높이의 철사줄로 경계를 해놓은 곳이 있다.

그곳을 여행하는 당시 내가 랜드로버 신발을 신고 간 것이 화근이다. 길이 미끄러워 둑길을 걷다가 돌에 미끄러져 떨어지는 사고가 발생한 것이다. 불행 중 다행히 200m 절벽으로가 아니라 양들을 키우는 사유지 풀밭으로 곤두박질을 쳐 목숨은 건졌다. 둑에 쳐놓은 철사줄에 다리가

걸려 머리로 떨어지는 위험한 상황이었는데 당시 비가 온 뒤라 풀밭이 진흙처럼 충격을 흡수하여 대형사고를 소형사고로 만드는 결정적인 작용을 하였다. 당시 사고로 얼굴이 조금 찢어지고 머리로 떨어진 충격으로 목과 팔이 움직이기 어려워 당일 여행을 정리할 수밖에 없는 상황이었다. 주변에 아무도 없어 홀로 몸을 추스를 수밖에는 없는 상황이었다. 겨우 추스르고 모허의 절벽 안내소 사무실 응급실에서 처치를 받았는데 나와 같은 사고가 자주 일어나는 곳이라는 사실을 응급실 구조사의 말을 통해서 알 수 있었다. 혼자 여행하면서 욕심은 금물이라는 진리를 깨닫는 순간이었고 인생을 살면서도 마찬가지가 아닌가 생각을 하며 아픈 몸을 이끌고 다음 여행지로 향했다. 이래서 여행은 가르침을 주는 선생과도 같은 것이다. 모허의 절벽을 여행한다면 사고에 유의하길 바란다. 미끄러운 신발은 금물이고 운동화보다는 등산화를 권장하고 싶다. 그리고 모허의 절벽에서 홀로 여행은 삼가고 여행객들과 함께 움직이기를 권한다.

나의 사고 현장

7장

음악이 살아 숨 쉬는 애니스(Ennis)

1. 애니스(Ennis) 여행

아일랜드의 32개 주 중 하나인 클레어주Clare의 애니스Ennis는 모허의 절벽을 구경하고 사고를 당한 다음에 황급히 온 곳이다. 상처 난 얼굴 치료, 진흙에 얼룩진 점퍼를 물로 씻고, 추락의 충격으로 고개 돌리기 힘든 몸을 이끌고 1시간 남짓 운전을 하여 다음 목적지이자 숙소가 있는 애니스에 도착했다. 애니스는 작은 시골 도시로 도심은 1~2시간 남짓 걷다 보면 모두 구경할 수 있다. 도심 한가운데 아일랜드 의회 운동을 주도하였고, 클레어 주에서 초선의원으로 당선되었던 다니엘 오코넬Daniel O'Connell 동상이 이 지역 시민들의 안녕을 지켜주는 수호신으로 우뚝 서 있다.

도심은 원형으로 중앙에 있는 2~3개 정도의 길Street을 걸으면 도심을 모두 구경할 수 있다. 내가 이곳에 숙소를 정한 것도 두린만큼 클레어주가 음악적으로 아일랜드에서 손꼽힐 정도로 유명한 곳이기 때문이다. 애니스를 포함하는 클레어주 전체가 음악적으로 많은 볼거리를 제공하는 곳이다. 아픈 몸이지만 "음악 여행을 망칠 수는 없다"는 일념으로 B&B에서 약간의 휴식 시간을 갖고 시내로 향했다. 그리고 여느 도

애니스 도심 밤거리

시를 여행할 때처럼 펍을 다니며 유명한 음악 펍을 조사하고 시내 구경을 했다. 애니스의 도심은 예스러움이 있는 전형적인 아일랜드 도시라는 느낌이 강하게 느껴졌다. 타지사람이나 관광객보다는 이 지역에 사는 아일랜드 사람들이 모이는 곳이라는 느낌이 많이 들었다. 도심도 메인도로라고 하는 곳은 차가 교행하기 힘든 좁은 도로와 보도에 조용하고 차분한 분위기이다. 하지만 작은 도시에 비해서 음악을 하는 펍은 많았지만 비수기에 라이브 음악을 하는 곳은 4~5곳 정도였다.

2. 애니스(Ennis) 펍 음악여행

애니스Ennis 시내에는 아이리시 음악을 전문으로 하는 펍이 5개 정도가 있었고 여느 곳과 마찬가지로 도심에서 멀지 않은 곳에 모두 모여있어서 걸어서 쉽게 옮겨 다닐 수 있는 거리였다. 펍 입구에 10시 정도부터 연주를 한다는 안내를 해놓아 그 시간까지 저녁을 먹고 조금 일찍 펍에 와서 맥주 한 잔을 마시며 그들 펍 문화를 즐기는 시간을 보냈다. 펍에서 축구경기 중계를 본다든가 아니면 펍에 와서 시간을 보내는 사람과 얘기를 하니 어느새 뮤지션이 음악을 시작했다.

처음 다른 펍에서 경험을 한 것처럼 3명의 밴드 일리언 파이프, 피들, 기타가 기본이 되어 연주를 시작하였다. 피들의 경쾌함, 일리언 파이프의 강렬한 사운드와 빠른 리듬에 조화를 이루며 기타가 그들의 연주에 묻어가는 형태의 연주에 새로운 감흥과 흥겨움을 준다. 아일랜드 전통음악을 정통으로 듣는 색다름이 있고 특히 팔로 바람을 불어 넣으며 연주하는 일리언 파이프의 연주가 단연 돋보였다. 민족적인 아픔을 음악으로 승화하려는 그들의 정신이 음악의 기저에 깔려있고 삶을 즐기려는 그들의 지혜를 맛볼 수 있는 연주였다.

3명이 한참 연주하고 있는데 중·고등학생으로 보이는 젊은 아이리시 음악 지망생인 친구 두 명이 합주를 하였다. 두 명은 밴조와 아코디언을 연주하는 주자로 아일랜드 음악의 매력이 모이면 모일수록 사운드와 흥이 더욱 강화되어 듣는 이가 더욱 몰입되는 매력을 가지고 있는 듯 하다.

펍도 오후 7~8시대에는 조용하게 TV를 보거나 아는 사람들끼리 담소를 나누는 분위기였다가 연주가 시작되고 음악이 펍 밖으로 퍼져 나가기 시작하면 어디에서 듣고 오는지 금세 펍에는 사람들로 가득 차고 대도시의 펍의 와자지껄한 분위기로 순식간에 바뀐다. 조용한 밤거리에

5인조로 불어난 연주자(일리언 파이프, 기타, 피들, 아코디언, 밴조)

펍의 음악과 사람들의 소리는 사람 사는 멋을 느끼게 해준다. 나의 추론이지만 이들이 술과 춤을 즐기고 흥이 많은 민족이 된 것은 음악을 통해서 놀이 문화를 만든 것이 오늘날에 이르지 않았나 생각이 든다.

애니스 시내의 라이브 음악 펍과 바

8장 °

고대로의 여행 림머릭(Limerick)

애니스Emmis를 출발, 림머릭으로 가는 짧은 거리에서도 아일랜드의 볼거리인 멋진 고성 하나를 만나게 된다. 번라티Bunratty Castle성인데 일반적인 성과 달리 성과 마을이 함께 잘 보존되어 있다. 번라티성은 1425년 지어진 성으로 성안에 숙박과 연회실 그리고 적이 침입을 하거나 위험한 상황이 발생했을 때 모여서 대책을 세울 수 있는 공간까지 모든 것

번라티성

이 갖추어져 있다. 성은 적의 침입과 동태를 살필 수 있는 4곳의 망루가 있고 망루를 오르내리는 통로는 돌계단으로 만들어져 어떤 공격에도 견딜 수 있도록 만들진 성이다. 성의 출입은 유사시에 대비하여 쉽게 접근할 수 있는 구조가 아니어서 성문만 닫으면 성 내부로 진입이 불가능하다. 성문을 걸어 잠그면 성 밖으로 나가지 않고도 장기간 내부에서 생활할 수 있는 모든 시설을 갖추었다.

번라티성이 구축되기(1450년) 전인 1250년대부터 마을이 형성되어 오다가 외부의 침입을 막고자 1275년부터 성을 만들기 시작하였고, 시간이 지나면서 기존의 성으로는 외부의 침입을 막을 수 없어서 조금 더 견고하고 튼튼하게 성과 마을을 재건하여 오늘에 이르고 있다. 과거의 마을을 보존하고 있는 번라티성은 관광객에게 과거로의 시간여행하는 것 같은 감흥을 안겨준다.

성 내부에 관리되고 보존된 유물들을 보노라면 시간을 되돌려 마치 천년 전의 세계에 와있는 것 같은 착각이 들 정도로 실감이 난다.

성으로 들어가기 위한 성 입구의 나무계단

성 내부의 돌계단

당시 성에 있는 보초병 의상을 한 직원

성 내부의 가구와 모습

시대별로 변화되어 온 성의 모습 설명

성과 함께 마을을 이루고 있는 건물

성 위에서 바라본 주변

번라티성을 구경하고 림머릭으로 향했다. 애니스에서 림머릭까지는 1시간 남짓 거리이며 번라티성까지는 30분 내외의 거리다. 아일랜드의 날씨 특징은 비가 멈췄다가 내리기를 반복하는데 이날은 계속 비가 내려 여행에 많은 지장이 있었다. 림머릭은 아일랜드에서 가장 고풍스러운 이미지를 가진 도시다. 비까지 내리는 날이라 그런지 새넌강을 끼고 자리잡은 림머릭의 이미지는 고대의 어느 시간으로 돌아간 느낌을 준다.

림머릭은 인구가 10만 명이 채 안 되는 도시로 아일랜드 지도를 보면 중앙에 위치하는데 예로부터 상업과 공업이 발달한 도시라고 한다. 림머릭은 사진에서 보듯 성 구경과 박물관에 들르거나 훌륭한 위스키를 맛볼 수 있다. 나는 많은 성을 관람하여 림머릭에서의 성 관람은 성 외부에서 보는 것으로 대체했으니 림머릭 여행을 하는 사람이 있다면 다음과 같은 곳을 추천한다.

림머릭 시내를 관통하며 흐르는 새넌강

림머릭 시내를 흐르는 새넌강 주변의 고성

첫째 헌트박물관으로 아일랜드에서 가장 큰 규모에 속하는 미술품 및 골동품 컬렉션을 만나볼 수 있다. 특히 피카소와 르누아르의 작품도 포함되어 있다고 한다. 헌트박물관은 조각상과 장신구를 비롯한 중세 유물 덕분에 높은 평가를 얻고 있고 초기 기독교 시대의 중요한 금속 공예품 중 하나인 앤트림 십자가도 보관되어 있다.

두 번째 킹스 아일랜드King's Island에서는 고대 건축물을 구경할 수 있다. 도시의 역사 중심지로 알려진 이 지역에서는 여러 인상적인 건축물들을 볼 수 있다.

세 번째 13세기 초기에 지어진 인상적인 군사 요새인 존 왕의 성과 림머릭에서 가장 유서 깊은 건물에 속하는 세인트 메리 대성당Saint Mary's Cathedral을 추천한다. 세인트 메리 대성당은 12세기에 건립되었으며 지금까지도 미사 및 기도회 장소로 이용되고 있으며 성당 외관의 고딕 및 로마네스크 양식의 조화가 인상적이다.

아일랜드의 모든 도시가 그렇듯 림머릭 역시도 도심 유적지를 찾고 시내 구경을 하는데 높은 건물이 없어서 어디든 쉽게 찾을 수 있다. 회색빛 성의 색채가 강하게 느껴지는 림머릭은 비 오는 날의 느낌이 오버랩되고 도심에 사람들이 별로 없어서 그런지 활기가 없어 보이고 너무 차분한 분위기의 느낌만 강하게 남아 있다.

림머릭의 펍

9장

관광객의 도시 킬라니(Killarney)

1. 킬라니(Killarney) 여행

아일랜드의 킬라니는 자갈 덮인 거리와 19세기 건축물, 아름다운 산책로와 아이리시 펍을 자랑하는 곳으로, 아름다운 산으로 둘러싸인 소도시이다. 킬라니는 케리 왕국이라 불리는 케리 주로 통하는 관문으로 산림, 호수, 울창한 산으로 둘러싸여 있다. 매년 수많은 관광객들이 킬라니를 찾아와 킬라니의 자연과 도심의 멋을 보고 즐긴다. 특히 아일랜드 음악을 연주하는 펍은 단연 유명하다. 킬라니 국립공원과 링 어브 케리Ring of Kerry를 여행하는 여행지로 활용을 하기 좋은 곳이다.

지도상으로 아일랜드의 남서쪽에 위치한 킬라니는 킬라니 국립공원으로 둘러싸여 있다. 옛날에 조성된 킬라니 시내의 좁은 골목길을 걷다 보면 곳곳에서 개성 강한 카페와 공예품점을 볼 수 있고, 성 마리아 성당이나 머크로스 하우스와 같은 킬라니의 대표적인 19세기 건축물도 걸어서 갈 수 있는 편리한 곳이다. 킬라니 시내와 관광은 반나절이면 할 수 있지만 밤의 펍여행은 며칠을 여행해도 부족할 만큼 킬라니는 펍이 많다.

킬라니의 조용한 밤거리

　내가 여행한 많은 곳이 있지만 음악과 펍여행지로 가장 인상에 남는 곳이 킬라니이기도 하다. 가족적이며 동네에서 사람들이 모여 즐기는 킬라니의 아이리시 펍 분위기는 여행을 하고 난 지금도 가장 잊을 수가 없는 곳으로 기억에 남는다. 오랜 여행을 하거나 힘든 여행 중에 편안하게 쉬면서 충전을 하는 도시로 적격이고 조용한 분위기를 맛보고 싶다면 꼭 가야 할 장소이다.

　성 패트릭데이 축제에서부터 크리스마스 축제까지, 킬라니에서는 연중 다양한 축제가 열리는데 성수기인 7월과 8월은 특히 주민들과 관광객들로 북적이기 때문에 이때 여행하며 다양한 행사에 참여하는 것도 좋을 추억을 쌓는 방법이다.

2. 킬라니 펍 음악여행

킬라니에서의 펍 음악여행은 아일랜드 국민이 음악을 얼마나 사랑하고 아일랜드의 펍 문화가 아일랜드 국민의 삶에서 어떤 역할을 하는지를 이해하는 데 큰 역할을 했다.

나는 아일랜드 펍 음악여행을 하면서 오전에는 도심의 유적지나 박물관 그리고 꼭 가봐야 하는 곳을 여행하고, 오후에는 저녁에 펍 음악을 즐길 수 있는 곳을 미리 물색하고 알아보는 일정으로 여행을 했다. 물론 낮에 아름다운 자연을 관광하는 것도 포함하지만 킬라니에 도착했을 때는 내가 여행 중 총 일정의 중간을 지나는 지점이고, 아일랜드라는 나라를 조금 이해하는 시점에 있을 때였다. 하지만 킬라니에서 펍의 음악과 문화를 접하고는 기존 경험한 펍 문화와는 다른 차원의 경험을 하게 되었다. 아일랜드 펍 문화는 양파를 까면 깔수록 새로움 있듯이 아일랜드라는 나라의 펍 문화도 지역마다 접하면 접할수록 새롭다는 생각이 들었다.

아일랜드 식사에 빠지지 않는 감자

여느 도시처럼 펍에서는 늦은 저녁 시간이 돼야 음악을 연주하기 때문에 감자를 곁들인 아일랜드 전통 식사를 하고 시내 펍 정보를 얻으러 몇 군데 펍을 돌아다니며 그날 저녁을 알차게 보낼 장소를 물색했다. 펍에서

킬라니의 음악 공연 펍

알려준 라이브 아일랜드 음악 펍을 다니며 확인했는데 많은 펍들이 시간이 일러서 그런지 음악 공연을 위한 뮤지션 연습과 준비로 시간을 갖고 있었다. 쉬한스SHEEHAN'S라는 펍에서는 두 곳에 무대가 마련되어 있는 구조였는데, 한쪽에서는 아이리시 음악을 준비하고 있고 반대편 무대에서는 젊은이들을 위한 록밴드 음악을 하는 무대로 준비하고 있었다. 펍에서 일하는 종업원은 늦은 저녁 시간인 10시 30분 이후에 손님이 더 많이 모인다고 귀띔한다. 나는 그래서 별 기대 없이 맥주 한잔을 하며 음악 시간을 기다렸다.

연주가 시작되는 저녁 8시가 넘어서자 사람들이 모여들기 시작하고 마이크를 이용해 기타를 연주하는 할아버지가 이끄는 아이리시 밴드가 음악을 시작했다. 플룻, 바이올린, 아코디언, 기타, 4명의 연주자가 음악을 시작하는데 기타 연주를 하면서 노래를 부르는 할아버지의 노래는 펍에 온 손님들을 음악에 집중하게 만들었다. 많은 손님들이 아일랜드 전통음악 연주와 노래에 심취에 있을 때 아일랜드 음악 리듬에 흥을 이기지 못했던 손님 한명이 무대에 등장하며 분위기는 더욱 뜨거워졌다. 60대 전후의 대머리(?) 아저씨의 등장으로 분위기는 더욱 고조되었고 무대 주연이 아이리시 연주자들이라고 한다면, 조연인 대머리 아저씨의 아일랜드 전통 탭 댄스는 모든 펍에 온 손님들의 시선을 사로잡았다. 뜨거운 춤판이 음악과 어우러지고 잠시 쉬는 시간에 이어 다음 음악이 연주될 때 손님으로 온 펍의 대머리 아저씨는 아이리시 탭댄스를 끝내고 능숙하게 다음 무대 준비를 위해 청소도구를 소품으로 춤을 추기 시작하는데 아주 숙련된 그의 소품 춤은 펍에 온 모든 좌중을 즐

펍의 연주 모습

음악에 맞춰 춤을 추는 손님들

겁게 만들었다. 처음 그런 모습을 본 나로서는 연주자와 관객이 하나가 되어 즐기는 모습이 생생하게 기억에 남는다.

아일랜드 탭 댄스와 청소도구로 추는 춤으로 한참 좌중의 배꼽을 빼놓은 그 아저씨는 이어서 펍에 놀러 온 동네 아주머니들과 스스럼없이 춤을 추며, 자신의 즐거움 뿐만 아니라 펍에 온 손님에게도 즐거움을 선사했다. 밴드 뮤지션 중에 사회를 보며 유머로 관객을 웃기고 기타 연주로 즐거움을 준 할아버지 뮤지션은 손님으로 온 관객 중에서 즉석 무대를 만들어 재미를 더했다.

함께 즐기며 이를 지켜본 나는 아일랜드 펍의 음악 공연 문화는 남녀노소를 불문하고 누구나 즐기는 작은 음악회라는 느낌을 받았고, 음악을 통해서 밤을 건전하게 즐기는 그들의 모습이 부러웠다. 음악과 펍을 통해서 건강하게 함께 공감대를 가지고 소통하는 아일랜드 국민이야말로 진짜 건강한 국민의 모습이 아닐까 생각해본다.

아일랜드에서 펍이란 문화공간, 세대 간의 소통공간, 음악을 즐기는 공간, 그리고 하루의 일상을 마감하는 장소라는 것을 알았고, 타지에서 온 관광객까지도 하나가 되어 그들의 문화에 흡수시키는 포용력까지 갖춘 곳이라는 생각이 들었다.

그런 만큼 아일랜드의 밤 문화를 보고 이해하고자 한다면 먼저 펍의 문화를 즐기고 이해하는 노력이 필요하다.

10장

신이 만든 여행코스 링 어브 케리(Ring of Kerry)

링 어브 케리를 지나다 만난 작은 마을

링 오브 케리Ring of Kerry 는 케리 지역에 있는 반지처럼 생긴 약 170km의
드라이브 코스를 말한다. 아일랜드에서 가장 아름다운 도로로, 유럽의
현존하는 도로 중 가장 환상적이고 경치가 뛰어난 곳으로 손꼽히는 곳
이다. 나는 여행을 하기 전 TV에서 방송된 아일랜드 링 어브 케리 여행

을 소개한 방송을 보면서 아일랜드 여행시 꼭 가겠다고 다짐한 곳이다.

그곳은 아름다운 자연경관이 바다와 어우러져 항구도시에 온 듯한 느낌이 드는가 하면 큰 산을 깎아서 만든 도로를 운전하고 있으면 산악 지대를 지나는 느낌이 들기도 하고, 산과 바다 그리고 푸른 초원과 양이 만들어 내는 풍광은 저절로 탄성을 지를 만큼 빼어나다. 이런 자연풍경에 지루함을 느낄 만하면 탁 트인 백사장과 바다가 시원함을 만끽하게 해준다. 또 링 어브 케리 중간중간 나타나는 작은 마을의 아름답게 만들어진 펍과 바의 건물을 보노라면 '쉬었다 가라'고 손짓하는 느낌이 든다. 링 오브 케리는 아일랜드 자연을 모두 모아 놓은 종합 선물세트 같다. 시간이 없어 아일랜드 중 한 곳만 방문해야 한다면 그곳은 바로 링 어브 케리이다. 그만큼 아일랜드에서 볼 수 있는 모든 자연의 산물들이 다 농축되어 있다. 이곳은 다만 대중교통을 이용해서 여행하기에는 부적합하고 자동차를 이용해야 자유롭게 시간을 가지고 여행할 수 있다는 아쉬움이 있다. 킬라니에서 링 어브 케리 여행을 하는 패키지도 있다.

나는 킬라니에서 출발하여 킬라니 국립공원을 통과해서 여행한 다음 링 어브 케리와 만났다. 코네마라국립공원을 여행할 때와 마찬가지로 좁은 도로를 운전하노라면 이곳의 아름다운 절경에 눈을 빼앗겨 사고로 이어질 수 있으니 주의해야 한다. 가끔 양들이 도로를 지나는 상황이 있는데 이때는 동물이 우선 지나갈 수 있게 배려(?)해야 한다. 이 지역은 주로 양, 염소, 소를 키우며 살아가는 사람들이 대부분이고, 관광객을 상대로 숙박업, 상점, 펍을 운영하면서 소박하게 사는 사람들이다. 링 어브 케리

킬라니 국립공원

중간중간에 멋있는 절경 포인트에서는 사진을 찍을 수 있게 공간을 만들어 놓았고 정말 멋있는 위치에는 휴식을 취할 수 있는 바들도 있다.

여행하면서 링 어브 케리의 가장 경치가 좋은 곳으로 알려진 포인트에 바와 숙박 시설이 있어 잠시 쉬는 시간을 가졌다. 이곳에서 아일랜드 사람들이 위스키를 넣어 만든 독특한 아이리시 커피를 마시니 그들이 왜 아이리시 커피를 마시는지 알 것 같다. 커피이지만 위스키가 들어 있어서 몸이 따듯해지고 움츠렸던 몸이 녹는듯한 느낌이었다. 커피와 함께 대서양의 바다와 아일랜드 자연을 감상하고 있노라니 천국이 따로 없음을 느낄 수 있다.

위스키, 설탕, 크림으로 만든 아이리시 커피

링 어브 케리 해안 마을

링 어브 케리의 중간에 깎아 지른 산의 중간을 지나는 도로에서는 아래쪽으로 내려다보면 바다와 작은 시골 마을 항구의 모습, 그리고 푸른 초원과 바다가 어우러진 풍경 등, 아일랜드 링 어브 케리에서만 볼 수 있는 절경이 펼쳐진다. 더 자세히 경치를 관찰하노라면 초원에서 풀을 뜯는 모습과 그 초원의 경계석을 돌담으로 쌓아 놓은 풍경이 마치 제주도에 온 듯 친근하다. 경계석을 길게 쌓아서 방목을 하는 동물들이 멀리 가지 않고 경계 내에서 풀을 뜯는 모습도 정겨움이 있다.

링 어브 케리는 여름에 여행한다면 대서양에서 해수욕을 할 수도 있고, 산을 트래킹하며 자연을 만끽할 수도 있으며, 텐트 같은 걸 가지고 야영하는 것도 좋을 것으로 생각이 들었다. 경험하지는 않았지만 만약 텐트를 치고 잠을 잔다면 별이 찬란하게 쏟아지는 하늘을 보며 영원히 잊을 수 없는 추억의 광경으로 기억될 듯싶다. 180Km가 조금 안 되는 링 어브 케리는 아일랜드의 자연을 만끽할 수 있는 최고의 지역이자 모든 조건을 갖춘 여행지라는 생각을 떨칠 수 없다.

링 어브 케리 도로에서 본 시골 마을

링 어브 케리 여행을 하고 나는 이제 또 다른 아일랜드 음악의 명소 딩클 반도로 향했다.

음악을 사랑하는 아일랜드 사람의 표시

11장

아일랜드의 자존심, 딩클(Dingle)과
딩클반도(Dingle Peninsula)

딩클은 다양한 종류의 선사시대 유적과 중세의 유적이 남아 있는 곳으로 반도 이름은 딩글마을에서 비롯되었다. 이곳은 길이 48km, 폭 8~19km 정도 되는 대서양으로 돌출된 지역이다. 슬리에브 미시Sliabh Mish 산맥에서 형성된 화강암이 띠를 두르고 있고, 맥길리쿠디스 리크스 MacGillycuddy's Reeks 산맥이 케리 지방의 북쪽과 딩클반도의 아름다운 풍광을 만들고 있다. 반도의 서쪽 끝은 아일랜드 모국어인 게일어를 사용하는 지역이고, 서쪽 바다에는 블래스켓 섬Blasket Island이 있다.

딩클반도는 몇 년 전까지만 해도 도로 표지판에 게일어만 쓰여 있어서 여행하는 사람들의 불만이 많아 영어를 병기한 표지판으로 바꿨다고 할 정도로 아일랜드의 정신과 민족성을 지키는 지역이다.

딩클반도는 아일랜드에서 아름다운 자연풍경으로 손에 꼽히는 지역으로 유럽에서 보면 제일 서쪽에 위치하는 곳이다. 아일랜드를 여행하는 많은 여행자가 바다와 자연이 펼쳐진 이곳을 스페인의 순례길인 산티아고 길처럼 걸으며 자신을 돌아보는 시간을 가지기도 한다. 내가 링어브 케리Ring of Kerry를 여행하고 찾은 딩클과 딩클반도는 좀 더 아일랜

딩클마을의 펍과 악기가게

드적인 느낌이 묻어났고, 우리나라 남단 거제도의 시골 항구를 여행하
는 느낌도 들었다. 때 묻지 않은 자연과 인정 많은 마을 사람들 ,그리고
시골 마을 풍경은 여행객들에게 많은 에너지를 채워주는 촉매제 역할
을 톡톡히 해준다. 내가 찾았을 때 작은 딩클 항구에는 찬 바람이 강하
게 불어와 썰렁한 초겨울의 스산함이 드는 분위기였다. 예쁘게 조성된
딩클마을에는 음악으로 유명하다는 명성에 걸맞게 전통음악을 하는 펍
들이 많았다.

여행 일정에서 딩클을 아일랜드 음악여행에서 꼭 집어넣었던 것도 방
송에서 소개된 딩클마을의 트레이드 마크가 음악과 돌고래라는 내용을
보았기 때문이다.

관광 안내소 앞에 있는 돌고래 '펑기'Fungi는 1983년부터 딩클마을 앞 바다에 나타나 어선을 탄 어부들과 놀기 시작해 지금도 이곳의 명물로 많은 사람을 먹여 살리고 이곳을 찾는 관광객들에게 사랑을 받고 있다고 한다. 이곳에 오는 관광객 수가 매년 4만이라니 2,000명 남짓한 마을 인구보다 20배에 많은 셈이다. 한여름 휴가철이면 펑기를 보러 가는 배는 30분마다 출발하여 이 지역에서 관광 수입을 올리는 효자 역할을 톡톡히 하고 있다.

딩클마을 돌고래 펑기

돌고래 펑기가 처음 발견된 건 해외로 수출되던 생선의 수출시장이 막히자 팔지 못하고 남은 생선을 딩클의 어부들이 딩클만 바다 한가운데에 내다 버리면서였다. 생선을 버릴 때 어군탐지기에 잠수함 같은 물체가 깊은 수심에서 잡히는가 싶더니, 돌고래 한 마리가 바람을 가르며 바다 위로 뛰어올라 생선을 낚아챘고 이 중에 몇 마리는 갑판 위에 떨어졌다고 한다. 그 뒤로 마을에서 어부들의 펑기 목격담이 잇따랐다.

딩클마을

이후 방송에서도 관심을 갖고 방송되어 더욱 세상에 알려지면서 딩클의 어부 7명은 1992년 자신들의 배로 펑기를 보러 나가는 '돌고래 관광'을 시작했다고 한다. 고기를 잡아서 생계를 유지하던 시골 어촌마을에 돌고래 관광은 관광객을 끌어들이는 새로운 수입원이 되었고 부수적인 수입을 올릴 기회도 만들었다. 만약 펑기라는 돌고래가 딩클바다를 떠난다면 이들도 돌고래 관광을 접어야 하는 운명이다.

딩클마을 뒤로하고 딩클반도로 향했다. 딩클반도를 여행하면 드라마틱한 커브 길과 낭떠러지가 중첩되는 코너 패스를 넘자 갑자기 평온한 해안 풍경이 드러나는 변화무쌍한 길이 이어진다. 초록으로 뒤덮은 저지대가 드넓게 펼쳐지고, 돌담과 양 떼 사이로 드문드문 가옥들이 서 있는 경치가 눈에 들어온다. 대서양의 장대하고 끝없이 펼쳐진 바다는 오랜 세월 바다의 파도에 깎인 해안 절벽으로 계속 쉼 없이 흰색 포말을 밀어 넣는다. 아일랜드의 서쪽 끝은 블래스킷 제도_{Blasket Islands}이다.

블래스킷 제도는 한때 '미국의 바로 옆'이라고 불리기도 했다. 유럽의 서쪽 끝이고 블래스킷에서 서쪽으로 가면 아메리카 대륙을 만나는 곳이었기 때문이다. 현재는 소수의 주민이 거주하고 있다. 본토와 불과 2킬로미터밖에 떨어져 있지 않지만 확연히 다른 공동체적 삶을 살았던 곳이다. 1953년 모든 주민이 내륙으로 강제 이주하기 전까지 공동체로 살아가는 형태의 삶이 계속됐으나 이후 과거 섬의 역사는 멈춘 채 역사 속으로 사라져버렸다.

그 섬에 살면서 그들이 남긴 글과 자료는 오늘날 게일어를 연구하고

딩클반도

아일랜드 역사를 연구하는 데 주요한 자료로 사용되고 있다. 자신의 언어를 사용하고 지킨다는 것은 그들의 정체성을 지키는 일이다. 오늘날 영어를 사용하면서 얻는 이득(?)도 많지만 게일어인 모국어를 사용하지 않아 잃는 것도 많은 것이라는 생각에, 문득 일제강점기 일본의 한글 말살정책으로 우리말을 잃어버렸다면 어떤 일이 있었을까 하는 생각에까지 이르면서 여운을 남겼다. 아일랜드는 현재 공용어로 영어와 게일어를 공동 사용하고 있지만, 세계가 갈수록 영어를 세계어로 사용하는 마당에 자신들의 모국어이며 민족 정체성의 표시인 게일어의 존재감이 점차 줄어들지 않을까 괜한 걱정이 든다.

12장

아일랜드 역사의 대변자 밴트리(Bantry)

딩클반도, 딩클, 그리고 킬라니, 링 어브 케리를 여행하고 아일랜드의
제2 도시인 코크로 향하기 전에 남부의 시골 사람들의 삶을 드려다볼
심산으로 밴트리 일정을 잡았다.

벤트리는 아일랜드의 남쪽에 위치하여 3,000여 명이 사는 소도시다.
아일랜드 남부의 작은 도시이지만 역사적으로 외세의 많은 영향을 받은
도시이기도 하다. 과거 어업을 기반으로 생활하던 곳이었으나 스페인, 프

시내에서 본 바다

랑스 그리고 네덜란드의 함대들이 이곳에 머물며 그들의 힘을 과시했다.

　세계를 제패하고자 하는 열강의 함대들이 그들의 이권을 챙기기 위
해 이곳을 찾았는가 하면, 한때는 영국의 강압에서 벗어나고자 프랑스
함대를 부르는 곳으로 활용하였지만 그 뜻을 이루지 못한 아픔이 묻어
있는 곳이기도 하다. 일제의 압박에서 벗어나고자 중국과 러시아를 끌
어들였던 우리의 역사와 오버랩이 돼서 그들의 아픈 역사를 일정 부분
이해할 수 있을 듯하다. 역사적인 아픔을 가지고 있는 도시이지만 이곳
에는 국가 산업시설인 대규모의 석유를 저장하는 저장소가 있어서 현
재 아일랜드의 중요한 역할을 하는 곳이다.

　밴트리를 여행할 때는 도심 한가운데 서 있는 동상 울프 톤Wolfe Tone
(1764.6.20~1798.11.19)으로 알려진 테오발트 울프 톤Theobald Wolfe Tone을
만날 수 있다.

밴트리 시내 울프 톤 동상

그는 아일랜드의 혁명적 인물이며 유나이티드 아일랜드인의 창립 멤버 중 한 사람으로 아일랜드 공화주의의 아버지로 불리는 인물이다. 1798 아일랜드 반란의 리더로 활동하다가 그해 11월 3일 체포되어 사망하고 이후 영웅으로 존재하는 인물이다. 밴트리는 한쪽에 이런 역사적인 자부심과 함께 다른 한쪽은 역사적 아픔을 품은 채 말없이 역사의 흐름을 지켜보고 있다. 밴트리에 터전을 잡고 살아가는 시민들의 모습은 조용한 도시의 이미지 그대로 그들의 삶에 충실하며 모습을 보여준다.

이곳에도 어김없이 아일랜드 하면 떠오르는 많은 펍들이 그들의 아픈 역사와 문화를 음악으로 녹여 내고 있음을 확인할 수 있다.

13장

미각을 돋우는 항구도시 킨세일(Kinsale)

코크 남쪽에 있는 매력의 도시 킨세일Kinsale 은 아일랜드 여행을 한다면 빼놓지 말아야 할 또 하나의 여행지이다. 항구 도시라서 풍부한 해산물과 해산물을 이용한 음식은 킨세일 여행객들에게 맛의 즐거움을 제공한다. 아일랜드 제2의 도시 코크에서 접근성이 좋아 쉽게 찾을 수 있는 곳이기도 하지만 아기자기하고 아름다운 도심의 모습을 보노라면 유럽의 유명한 도시를 여행하는 착각을 하기도 한다.

유럽의 많은 유명한 도시를 여행한 나에게도 킨세일의 도심 컬러는 화려하면서도 전혀 촌스럽지 않은 미를 발산하고 조용하면서도 변화하는 안정감을 주었다. 그러면서 킨세일은 나에게 고향에 온 듯한 편안함마저 안겨주었다.

킨세일을 관광할 때 빼놓아서 안 되는 곳 중 첫 번째는 찰스 포트 Charles Fort 이다. 찰스 포트는 17세기 후반에 킨세일 항구의 가장자리에 지어졌는데, 이 별 모양의 요새는 아일랜드의 역사적 순간에 몇 차례 중요한 역할을 하였다. 막사와 보루를 비롯한 과거 흔적을 따라 거닐며

킨세일의 펍과 도심 풍경

아일랜드 400년 역사를 느낄 수 있을 뿐만 아니라 소도시 킨세일의 탁트인 전망을 감상할 수 있다. 위에서 보면 별 모양으로 된 찰스 요새는 1670년대에서 80년대까지 오랜 시간을 두고 지어졌으며, 이름에서 볼 수 있듯이 당시 찰스 2세를 기려 이름 붙여졌다. 1922년의 화재로 부분 소실되었으나, 재공사를 하여 현재의 복원된 모습을 갖추었다. 요새를 둘러 보다 보면 로버트 리딩의 17세기 멋진 등대도 만날 수 있다.

두 번째는 볼거리는 타운 센터이다. 킨세일의 매력은 다채로운 색채로 채색된 작은 마을과 해변의 아름다움과 느긋한 분위기에 있다. 이런 분위기는 좁은 거리를 여행하거나 여유롭게 해안가를 돌아다니는 것만으로도 많은 즐거움을 안겨준다.

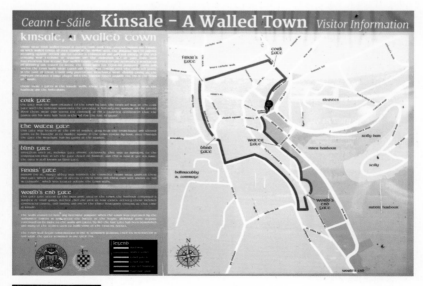

킨세일 여행안내도

세 번째는 킨 세일 박물관이다. 1600년에 지어진 킨세일의 Courthouse & Regional 박물관 건물은 오늘날 패트릭 코터 오브라이언_{Patrick Cotter O'Brien}(1760~1806)이 소유한 한 쌍의 부츠, 1601년에 아일랜드 군대가 킨세일 전투에서 잉글랜드를 물리치는 데 도움을 주었던 스페인 함대의 유물들이 있다.

네번째로 킨세일 루프이다. 킨세일 외곽에서 멀지 않은 거리에 위치한 킨세일반도_{Old Head of Kinsale} 주변의 6Km 루프는 웨스트 코크에서 가장 아름다운 산책로 중 하나다. 아일랜드에는 아름다운 바다를 끼고 만들

킨세일 루프

어진 골프 코스들이 골프 매니아들에게 평생 기억에 남는 라운딩을 선물로 주는 곳이다. 골프의 발상지인 스코틀랜드와 거의 비슷한 환경과 조건을 가지고 있는 곳이기에 아일랜드도 골프의 천국이라고 해도 과언이 아니다. 킨세일 루프는 환상적인 경관과 좁은 지형에 18홀짜리 골프 코스가 있어서 골프를 좋아하는 사람이라면 잊지 못할 라운딩을 할 수 있다. 나 자신도 골프를 좋아하는데 혼자 아무 준비도 없이 간 관계로 아쉬움을 남길 수밖에 없었다.

14장

아일랜드의 아픔을 간직한 코크(Cock)

1. 코크 여행

코크Cork 는 아일랜드의 제2의 도시이다. 내가 여행을 하면서 안 아일랜드 도시의 공통점은 큰 도시, 작은 도시, 심지어 시골의 작은 도시라도 도심을 가로지르는 강이 존재한다는 것이다. 코크도 예외 없이 아름다운 리강River Lee이 도심 한가운데를 가로질러 흐르고 있다.

코크 도심을 지나는 리강(River Lee)

코크는 아일랜드 남부에 위치한 곳으로 정치, 경제의 중심이자 중요한 국제항으로 자리 잡고 있다. 일찍이 6세기 무렵부터 수산물·육류·버터 등의 거래 중심지로 자리 잡았고 코크 가까이 많은 이민의 역사가 담겨 있는 타이타닉호의 마지막 기항지인 코브Cobh항이 자리를 잡고 있다. 코크의 산업은 농업이 중심이지만 제철소·자동차 조립 공장이 있고 메리야스·모직물·농기구 제조를 하는 경공업이 발달한 곳이기도 하다. 도심은 평평한 평야가 아니고 약간 높은 구릉지가 있어서 그곳에서 코크 시내를 한눈에 내려다볼 수도 있는 구조이다.

코크 시내도 많은 볼거리가 있다. 내가 2박 3일의 코크 일정을 잡은 것은 시내관광, 코브항, 그리고 펍여행 때문이다. 내가 묵은 게스트 하우스는 코크 대학 근처에 있어서 젊은이들로 활기가 있었고 대학 앞 식당도 늦게까지 운영을 해서 우리나라의 대학가를 연상케 하였다. 코크 시내도 걸어서 반나절이면 대부분 닿을 수 있는 곳이기에 숙소 가까이 있는 곳부터 걸어서 여행을 시작했다. 첫 번째로 코크 대학에 갔다.

더블린에 아일랜드를 대표하는 트리니티 대학Trinity College Dublin이 있다면 아일랜드 제2 도시인 코크에는 코크 대학University College Cork, UCC이 있다. 코크 대학은 Arts, Celtic Studies and Soial Science / Business and Law / Medicine and Health / Science, Engineering and Food Science의 4개 단과대학과 70개가 넘는 다양한 학위 과정을 운영하고 있다. 내가 찾은 11월에도 강의가 진행되고 있었고 학생들의 모습에서 학업에 대한 열의를 느낄 수 있었다.

코크 대학 정문

　동양계의 학생들도 쉽게 발견할 수 있었는데 특히 중국계 학생으로 보이는 동양인이 눈에 많이 띄었다. 몇 해 전까지만 해도 외국인이 많지 않아서 영어 공부를 할 수 있는 도시로 많은 추천을 받았던 곳이었다고 하는데, 이제 영어 단기 연수를 하는 학생들이나 대학 공부를 위해 이곳을 택하는 외국인이 많은 것 같다.

　사진을 찍고 대학 캠퍼스를 둘러보는 나에게 "어디서 왔냐?"고 물어 "한국에서 왔다."고 하니 반가워하는 코크대학생에게서 한국에 대한 관심이 높아 보였다. 코크 대학은 현재 100여 개국 이상의 나라에서 온 학부, 석박사 학생들을 포함하여 약 20,000명의 학생이 공부하고 있는 명실공히 세계적인 대학이다. 코크 대학을 둘러보며 그들의 면학 분위기와 학교의 모습을 확인하고 시내로 향하기에 앞서 높은 성당 건물이 보여 그곳으로 향했다.

코크 대학 건물과 조각상

세인트 핀바레 성당 내부의 화려한 모습

핀바레Fin Barre 성당이다. 성 핀바레 성당Saint Finbarre's Cathedral은 6세기에 세워진 것으로 근교의 블라니성Blarney Castle과 함께 유명한 곳이다. 아일랜드 어디에서나 성당을 접하고 성당의 위용과 아름다움에 눈길을 빼앗기는 경우가 많은데 핀바레 성당도 그중에 하나다. 외부에서 보기에 화려하면서도 성당 외부 조각이 특히 섬세하여 관광객의 발걸음을 자연스럽게 옮기게 한다.

핀바레 성당은 코크에서 가장 쉽게 눈에 띄는 건축물로 뛰어난 예술적인 장식과 100년의 오랜 역사를 간직한 명소로도 유명하다. 코크의 수호성인 핀바레가 설립한 7세기 수도원에 그대로 자리하고 있으나 지금 세인트 핀바레 성당은 세 번째 버전이다. 성당의 역사는 1863년으로 거슬러 올라간다. 이 건축물은 유명한 영국인 건축가 윌리엄 버제스가 60여 명의 건축가들과 경쟁한 끝에 건축권을 따내 지은 것이라고 한다.

성당 입구에 서서 프랑스식 고딕 양식과 성경에 나오는 인물들을 조각한 조각상은 실제 살아 있는 느낌을 주고 중세 시대 건축 스타일이 적용된 건축 양식을 제대로 감상할 수 있다. 아치형 출입구와 높다란 첨탑이 세워져 있는 타워, 여러 괴물 석상, 그리핀 및 성인들의 형상이 정교하게 조각되어 있다. 이렇게 성당을 꾸미고 있는 조각상이 무려 1,200여 점에 달한다. 성당 돔 꼭대기에는 금빛의 천사가 앉아 있고, 전설에 따르면 이 천사가 코크 주민들에게 세상의 종말을 경고하는 트럼펫을 불 것이며, 그래서 코크 주민들은 제일 먼저 천국으로 들어갈 수 있다고 한다. 안에는 성당의 벽을 꾸며주는 웅장한 스테인드글라스 창문에 성경 속 여러 장면이 묘사되어 있다. 하얀색과 회색빛의 성당 외부 칼라는 가톨릭의 위상과 성스러움을 함께 느끼게 하는 힘이 있었다. 어디를 보더라도 온 정성을 들여 하나하나를 만든 세심함이 묻어나오는 성당이었다.

세인트 핀바레 성당

이 성당은 4월부터 11월까지 매일 문을 열고, 12월부터 3월까지는 월요일부터 토요일까지 문을 연다고 한다. 신자라고 한다면 매일 이루어지는 미사에 참여할 수도 있다.

핀바레 성당을 지나 조금 걸으니 다양한 상점과 쇼핑을 할 수 있는 곳이 코크 시내이다. 시내를 관광에서는 코크 중심부에 있는 잉글리시 마켓을 만날 수 있는데 이곳에는 우리가 일상생활에 필요한 모든 먹거리가 있다. 깔끔하게 차려진 진열대의 다양한 식품들을 보며 군침이 돌았다. 깔끔하게 차려진 진열대에는 신선한 육류, 식품, 가공품들이 가득했고 장 보러 나온 손님들의 시선을 끌기에 충분했다.

혹시 선물 혹은 치즈 같은 가공품을 사고 싶을 때 잉글리시 마켓에서 쇼핑한다면 싼값에 질 좋은 상품을 살 수 있다.

잉글리쉬 마켓

코크 시내 다리

리강을 따라서 여행하다 보면 더블린의 리피강이 연상되며 비슷한 느낌을 받는다. 하지만 코크 시내는 조용하면서도 더 역동성이 있는 듯한 느낌을 받았고, 평화로움이 느껴진다. 리강이 도심 곳곳을 지나고 있어서 수상 도시 같은 느낌이 드는 코크는 화려하지 않지만 매력을 느끼게 하는 도시다.

더블린을 출발해 열흘 가까운 여행을 하다 보니 한국음식이 그리워졌지만 아무리 찾아도 한국 음식점은 없었다. 한국 사람 역시도 더블린과 골웨이에서 두 번 봤을 뿐 어디에서도 만날 수 없었다. 닭 대신 꿩이라고 한국 음식점은 아니더라도 일본 혹은 중국 음식점이라도 들어가 느끼함을 해소하고 싶었다. 아일랜드의 제2 도시이기도 하고 해서 동양 음식점을 찾으려는 순간 눈에 사쿠라라는 일식집이 보인다. 혹시 한국인이 운영하는 곳은 아닌가 기대를 하고 들어갔으나 아쉽게도 한국 사

메튜 신부상

람이 아닌 일본인이 운영하는 곳이다. 다행스럽게도 워킹홀리데이 비자로 와서 일하는 한국 젊은이가 종업원으로 서빙을 하고 있었고, 한국 음식은 없었지만 일본인이 김치를 맛깔스럽게 담가 팔아 일식과 김치로 아쉬움을 달랠 수 있었다. "금강산도 식후경"이라는 말대로 김치의 매콤함과 개운함으로 기운을 얻고 다음 여행을 위한 힘을 재충전하였다.

코크 도심의 풍경

2. 코크(Coke) 펍 여행

코크는 아일랜드의 제2 도시답게 다양한 문화적 환경을 가지고 있는 도시이다. 그뿐만 아니라 자신의 도시에 대한 자부심도 대단하다. 펍에서 만나는 사람에게 더블린 펍과 코크 펍의 음악의 차이를 물으니 "더블린의 음악보다 자신들이 훨씬 음악적 깊이가 깊다"고 자신감을 보인

코크 시내 펍 안내도

다. 그 모습 속에서 이들의 자신의 고향과 음악에 대한 사랑을 확인할
수 있었다.

코크 시내에서 음악 펍에 대한 정보를 얻을 수 있었는데 내가 방문했
던 대부분의 도시에서처럼 비수기에 5곳 내외의 아이리시 전문 음악펍
이 존재하는 것을 확인하고 가야 할 곳을 마음에 정했다. 물론 성수기
에는 훨씬 많은 펍에서 음악을 하지만 1년 내내 음악을 전문으로 하면
서 운영하는 곳은 제한적이었다. 나는 음악 펍을 찾되 책으로 담을 만
한 곳을 엄선해서 방문하였다. 음악여행으로 내가 하루 저녁에 방문하
는 펍의 숫자는 작게는 2곳에서 많게는 4곳까지 가능했다.

코크 시내의 음악 펍

　리강을 중심으로 이루어진 도심의 음악 펍과 도심에서 약간 떨어진
리강 주변의 펍에서 음악 연주 펍이 있었다. 약간은 도심 같지 않은 외
진 곳에 음악 펍이 있었고 펍 뒤로는 언덕을 끼고 있는 곳에 Sin이라는
펍이 있었다. 이곳은 음악을 전문으로 하는 펍으로 일찍부터 연주를 시
작하고 다양한 악기로 구성된 아일랜드 전통음악을 하는 밴드가 연주
를 하였다. 처음에는 밴조, 플룻, 만돌린으로 구성되어 연주를 시작했

다. 세 악기 모두 하이음을 내는 악기들로 구성되어 듣는 이에게 흥겨움을 주며 분위기를 이끌었다. 이들의 연주에서 미국 켄터키를 중심으로 연주되어 온 블루그래스음악Bluegrass Music과 유사함을 느끼며 음악을 들었다. 생각건대 블루그래스Bluegrass와 아일랜드 전통음악은 서로 많은 영향을 주고받은 밀접한 관계로 보인다. 많은 사람이 미국으로 이민을 가면서 그들의 음악이 당시 이민의 서러움과 고독을 달래는 역할을 하면서 미국의 다른 이민자들의 음악과 섞이며 발전하였고, 이들의 섞인 음악이 역으로 아일랜드로 역 수출되는 현상이 일어났다. 많은 이민자 중 역으로 아일랜드에 들어온 사람에 의해서 세계의 음악이 아일랜드의 전통음악으로 흡수된 계기가 된 것이다.

3명의 밴조, 플룻, 만돌린 연주가 이어지고 즐거움이 커질 즈음 2명의 연주자가 합세하였다. 아일랜드 음악의 꽃인 피들과 바우런이라는 타악기가 등장하며 음악의 완성도를 높이는 역할을 하였다. 앞서 언급한 악기에 피들이 가세하면서 음악의 강렬함은 더욱 강화되었지만 뒤를 지원하는 리듬과 베이스의 도두란이라는 악기가 묻히는 듯한 느낌을 주었다.

아일랜드 전통음악에서 타악기라고 볼 수 있는 게 바로 바우런이다. 이 악기는 코크를 방문했을 때 악기점 주인의 설명에 의하면 염소 가죽으로 만들어서 질기면서도 음을 잘 내주는 역할을 한다고 했다. 악기점 주인은 아일랜드 악기에 대한 설명을 구구절절 늘어놓으며 나의 궁금증을 해소해 주었고 바우런에 대한 설명을 들으니 악기의 연주 모습과 소리가 더욱 잘 들리는 듯했다.

코크의 펍에서 처음 만난 현지 친구로부터 아일랜드 여행을 하면서 가지고 있던 궁금증과 펍에 대한 설명으로 아일랜드의 궁금증을 상당부분 해소할 수 있었다. 앞서 언급했던 펍과 바와의 차이점과 아일랜드 문화와 음악의 다양한 정보를 얻을 수 있었다. 그리고 그들의 언어인 게일어로 나의 이름을 적어주는 친절함도 베풀어 주었다. 2일간의 코크에서의 펍 음악여행은 나의 음악적 갈증을 해소하는데 충분하였고, 아일랜드의 제일 도시 더블린, 음악도시 골웨이와 같이 코크에서도 거리의 악사인 버스커들이 도심 길거리에서 추운 날씨에도 공연하며, 콘크리트 도심을 낭만적이고 문화적인 도시로 만드는 역할을 하고 있었다. 그들은 세계 각지에서 온 음악가들로 아일랜드 음악이 아닌 세계의 음악을 연주하고 있었다.

펍에서 만난 여행 친구

코크 시내 거리의 악사들

재즈에서부터 록 그리고 출처 불명의 월드 음악_{World Music}을 연주하는 그들은 음악의 나라 아일랜드의 음악을 더욱 풍요롭게 만드는 자양분 역할을 해주고 있었다. 아일랜드는 섬나라이기에 자칫 고립되고 폐쇄적일 수 있었는데, 그들은 음악적인 측면에서는 개방적이고, 그들의 부족한 부분을 채우려는 노력을 게을리하지 않았기에 그들의 펍 문화가 발전하는 토양이 되지 않았을까 생각한다.

연주자들도 많은 노력을 해야 했지만 그들의 연주를 듣고, 즐기고, 함께 할 수 있는 관객의 성숙한 문화가 있어야 가능하다. 음악 펍은 무대 주변에는 음악을 즐기는 사람 중심으로 모여 음악을 듣고 뒷공간은 얘기하며 소통하는 공간으로 활용하는 그들의 펍 구조도 흥미로웠다. 펍에서도 다양성을 수용하는 구조를 가지고 있는 것이다. 획일화된 놀이 문화가 아닌 술 마시고, 음악만을 듣는 곳이 아니라 책도 읽고, 스포츠 중계도 보고, 대화도 나누는 공간이 있는가 하면 당구도 칠 수 있는 스포츠 시설이 공존하는 곳이 아일랜드 펍의 모습이다.

연주자 모습(피들, 밴조, 만돌린, 바우런, 플룻)

음악 펍의 연주자와 풍경

3. 타이타닉 마지막 기항지 그리고 이민의 통로 코브(Kobh)

코브는 아일랜드 이민의 역사와 1912년 1,500여 명이 넘는 목숨을 앗아간 호화 유람선 타이타닉Titanic의 마지막 기항지로 널리 알려진 곳이다. 내가 찾은 코브항은 생각보다 너무도 작았고, 이곳에서 어떻게 그 많은 사람들(300만명 이상)이 이민을 떠났을까 하는 생각이 절로 들었다. '항구에서의 이별 사연들은 얼마나 많고 애달팠을까?' 생각하니 곳곳에 묻어있는 듯한 슬픔이 느껴진다. 가족과의 이별에서부터 친척, 이웃, 그리고 사랑하는 연인과의 이별까지 모든 아픔이 이곳에서 이루어졌다는 생각에 아픔과 상처가 있는 역사의 현장이라는 생각이 들고, 우리나라의 영화에서 나온 전쟁 중의 흥남부두의 이별 장면이 떠오른다.

코브항에서 제일 먼저 나를 반겨주는 동상이 슬픈 이민의 역사를 말

해주는 미국 엘리스섬 최초의 이민자 애니 무어Annie Moore와 2명의 남동생 동상이다. 엘리스섬Ellis Island은 허드슨강 하구에 있는 섬으로 1892년 1월 1일부터 1954년 11월 12일까지 미국으로 들어가려는 이민자들이 입국 심사를 받던 곳이다. 이곳에도 처음으로 입국한 최초의 아일랜드 이민자인 애니 무어를 기념하기 위한 동상이 있다. 애니 무어는 1891년 12월 20일 코브항을 출발해서 1892년 1월 1일 엘리스섬에 도착한 최초의 아일랜드 이민자였다. 1892년부터 미국 정부가 엘리스섬을 이민 장소로 사용하기 시작했기 때문이다. 이민자들은 공무원들로부터 입국에 따른 부적격자에 대한 질문을 받았고, 의사들로부터는 전염병 심사를 받았다. 이런 과정을 통해서 어떤 사람들은 연방법에 따라 입국이 금지되어 입국이 불허되는 경우도 있었다. 그러나 엘리스섬에 정착한 이민자 중 98%는 입국이 허가되었다.

코브항에 있는 애니 무어 동상은 미국 엘리스항에도 똑같이 건립되어 최초의 이민자인 애니 무어를 기억하기 위해 세워져 있다고 한다. 15살 된 소녀와 2명의 남동생을 나타낸 동상은 2명의 남동생이 미국이 있는 대서양을 향하고 있는 것과 달리 15살 애니 무어는 고향을 떠나는 아쉬움과 걱정이 교차하여 고향 쪽을 향하고 있다. 그런 모습에 애니 무어의 마음이 느껴져 가슴이 찡하다. 코브항을 떠난 배는 미국뿐만 아니라 영국, 호주, 캐나다, 남아프리카 공화국, 뉴질랜드로 향했고, 이곳은 배를 배웅하고 다시 만날 날을 기약하는 장소로 자리 잡았다.

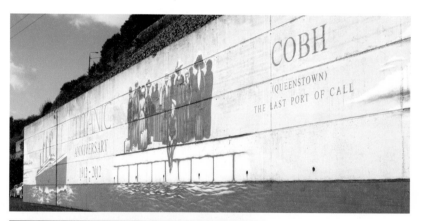

코브항 벽면에 그려진 타이타닉호와 100주년 상징 벽화

코브항 옹벽에 그려져 있는 타이타닉호의 웅장한 모습은 100년 (1912~2017)이 넘게 흘렀지만 당시 타이타닉호의 화려함과 규모를 느끼게 하면서 100년도 더 지난 1912년으로 시곗바늘을 돌려놓은 듯한 착각을 일으키게 한다.

코브항 벽면에는 호주로 4만 명의 이민자가 떠났다는 소개를 알려주는가 하면 1815년부터 1970년까지 코브항(퀸스타운)을 떠난 이민자의 숫자가 300만 명이 넘는다고 소개되어있다. 코브항 안으로 들어가면 타이타닉호와 이민사에 대한 자세한 내용이 전시되어 관광객들을 맞고 있다. 타이타닉호에 얘기는 잠시 후에 하고 이민에 대한 역사를 좀 더 얘기하자.

1855년부터 1920년에 아일랜드 이민이 제일 많이 일어난 기간이라고 보면 당시 350만명이라는 아일랜드 사람들이 이민 길에 올랐다.

당시 이민을 떠났던 사람들은 15세부터 24세의 주로 젊은이들이었고, 남자보다는 여성이, 가진 사람들보다는 가난한 사람들이, 그리고 기술이 없는 사람들이 많았다고 한다. 특히 아메리카 드림을 꿈꾸며 미국으

힘든 이민 생활에서도 음악을 즐겼던 아일랜드 국민

코브항에서 승선을 기다리는 당시 이민자

로 떠나기도 했지만, 상당수는 영국, 캐나다, 호주, 뉴질랜드, 아르헨티
나, 남아프리카 공화국 같은 나라로도 이민을 떠났다. 이 때문에 1851년
부터 1901년까지 50년 사이에 아일랜드 인구는 600만에서 440만까지
줄었다. 이민의 역사는 1845년부터 감자 대기근이 시작되어 1850년까지
많은 사람들이 굶어 죽고 이민을 떠났지만, 실제 이민의 시작은 그보다
훨씬 전인 1740년에서 1741년에 걸쳐 두 번의 혹한과 감자 불황 때였다.
이때 아일랜드 인구 중 200만이 죽고 200만이 이민을 떠났다고 한다.

그 전의 역사를 보면 1660년대 이후 아일랜드의 수출은 잉글랜드 항
해법에 의해 제한되고 있었다. 이 법은 아일랜드 상품의 잉글랜드 수출
을 엄격히 제한하는 반면 아일랜드가 잉글랜드의 상품을 수입하는 것
에는 어떠한 제한도 없었다.

    18세기가 되자 정상적으로 회복된 작황과 근 2백년에 걸친 평화로 인해 아일랜드의 인구는 다시 8백만으로 증가한 시기도 있었다. 현재 집계된 아일랜드 인구가 450만인데 미국에 있는 아일랜드계 인구가 3,500만이 넘는다고 하니 얼마나 많은 아일랜드 사람이 미국으로 아메리카 드림을 이루고자 이민을 떠났는지 짐작이 가는 부분이다. 본국인 아일랜드는 지속적인 이민으로 인하여 국가의 발전에 많은 어려움이 있었던 반면 해외로 나간 많은 수의 이민자들은 서로 큰 힘이 되었다. 이런 막강한 아일랜드계 이민자들이 미국 내에서 정치, 경제, 사회 전반에서 큰 활약을 하고 있다.

    백악관은 아이리시 아메리칸들의 독차지라고 해도 과언이 아니다. 현

코브항 이민 당시 사진

재까지 45명의 대통령 중 앤드루 잭슨Jackson, 제임스 뷰캐넌Buchanan, 율리시스 그랜트Grant, 체스터 아서Arthur, 그로버 클리블랜드Cleveland, 윌리엄 맥킨리McKinley, 우드로 윌슨Wilson, 존 F. 케네디Kennedy, 린든 존슨Johnson, 리처드 닉슨Nixon, 지미 카터Carter, 로널드 레이건Reagan, 조지 H. W. 부시Bush, 빌 클린턴Clinton, 조지 W. 부시Bush 등 최소한 15명 이상은 아이리시 혈통을 지녔다고 알려지고 있다. 이런 정치 무대의 주역뿐만 아니라 실제로 미국 사회에서 아이리시의 정치적 영향력은 엄청나다.

미국 국토방위청이 2004년 9월에 발표한 '2003년 이민통계연보'에 따르면 1820 회계년도 이래 합법적으로 이민을 온 아일랜드인들은 480만 명에 이른다고 한다. 아일랜드계는 독일계와 영국계에 이어 세 번째로 많은 이민자 그룹인 셈이다.

고향을 버리고 미국 이민을 택한 이들은 이민 도중에도 많은 사람이 굶주림과 질병으로 죽었고 천신만고의 고생 끝에 도착한 미국은 꿈에 그리던 이상향과는 거리가 멀었다. 두 가지 이유에서였다. 첫째, 앞서 정착해 있던 이들은 갖은 이유를 들어 새로운 이민자들이 자신들의 일자리를 빼앗는 것을 막았다. 이로 인해 아이리시 아메리칸들이 종사할 수 있는 직종은 극히 제한됐다. 철도, 운하 건설, 부두 노역 등 저임금으로 악명 높던 육체노동은 모두 아이리시 아메리칸의 몫이었다. 경찰관과 소방관, 군인 등 생명을 잃을 가능성이 높은 직종들도 아이리시의 독차지였다. 두 번째 이유는 아서 슐레진저 주니어Schlesinger Jr.가 "미국인들의 가장 고질적인 편견"이라고 부른 바 있는 반反 가톨릭 정서 때문이다. 16세기 영국에서 시작되어 미국으로 넘어온 가톨릭교도들에 대한 불신과 편견은 19세기 중반에 들어서는 폭력화하기 시작, 매사추세츠주의 찰스타운 폭동을 기점으로 20년 동안 맹위를 떨쳤다. 1850년대 중반에는 이 같은 정서에 힘입은 '아무것도 몰라요당'Know Nothing Party이라는 정당이 등장하기까지 했다. 아일랜드 이민자들이 겪어야 했던 차별 대우를 다룬 〈아이리시들은 어떻게 백인이 되었나〉How the Irish Became White의 저자인 노엘 이그나티에프Ignatiev이 지적한 대로 그들은 오랜 기간 심한 차별 대우와 편견에 시달려야 했지만, 이제 누구도 그들을 멸시할 수 없을 뿐만 아니라 좌절과 실의를 딛고 한때 도저히 이룰 수 없을 듯 보였던 아메리칸 드림의 주인공이 되어 막강한 정치적 영향력을 행사하고 있다.

영국인들의 미국 이민은 1600년대부터 시작됐다. 대부분 개신교인들이 미국 전역에 고루 퍼졌다. 역대 대통령 대다수가 영국계 미국인이라는 점에서 알 수 있듯이 미국에서 막강한 파워를 형성하고 있다. 1700년대부터 이주하기 시작한 독일계 미국인은 펜실베이니아, 뉴욕, 뉴저지에 주로 정착하며 독일의 전통을 유지했다. 아일랜드인들은 주로 19세기 중반에 기아와 빈곤을 피해 대규모로 미국으로 이주했다. 아일랜드계 미국인들은 다른 백인 그룹과 달리 핍박 속에서 시련을 이겨낸 특이한 역사를 가지고 있다. 영국 성공회의 개종 강요와 탄압을 받았던 아일랜드인들은 프로테스탄트들이 세운 미국에서도 차별과 핍박을 받으며 그들의 존재를 확인 시켰다는 점에서 시사하는 바가 크다.

4만명의 아일랜드 사람이
호주로 이민

1815년부터 1970년까지
3백만이 코브항(퀸스타운)을
통해 이민

엘리스섬에 처음 이민자로
등록된 애니스 무어

　이제는 아일랜드 이민 역사에서 가장 뼈아픈 타이타닉호에 대한 얘기를 해보자.

　타이타닉호는 1912년의 최초이자 최후의 항해 때 빙산과 충돌해 침몰한 비운의 여객선이다. 우리에게는 〈타이타닉〉 영화로 잘 알려진 호화여객선으로 아마도 세상에서 가장 유명한 여객선이자 침몰선일 것이다. 2012년 4월 15일로 침몰한 지 딱 100년이 되었다. 1912년 당시 하도 거대해서 별명이 '불침선'The Unsinkable이라는 말도 있었지만 바다에 침몰하고 많은 사상자를 낸 역사의 침몰선이 되는 불명예를 얻게 된 배이기도 하다. 당시 타이타닉호는 영국선적으로 리버풀을 모항으로 운항하는 배였다. 배의 길이가 269.1m, 최대속도는 43Km/h, 최대 탑승인원은 승무원을 포함하여 3,547명인 엄청나게 큰 배였다.

The *Titanic* pictured in Cork harbour, 11 April 1912.

타이타닉호(1912년 4월 11일)

    타이타닉호가 침몰한 것은 코브항을 떠난 지 얼마 되지 않아 영국령 뉴펀들랜드 해안 동쪽 400마일(640km) 해상으로 추정되는 곳에서 유빙에 부딪혀서이다. 영화에서 보듯이 대다수의 1등선실에는 영국과 미국을 오가며 여행을 하는 영국 귀족과 돈 많은 사람이 탔고, 3등석에는 아일랜드의 가난한 이민자가 대부분이었다. 1등석에 탄 사람들은 연회를 즐기고 파티를 하면서 여행과 사업차 가는 사람들인 반면 3등석에는 먹고살기 위해서 아메리카 드림을 꿈꾸며 배에 몸을 실은 이민자들인 아일랜드 사람들이었다. 그들은 이민의 시름을 잊기 위해 아이리시 음악을 연주하고 춤을 추며 미국으로 향했는데 배가 침몰을 하자 1등석에 탄 대부분의 승객은 살고 3등석에 탄 아일랜드 국적의 승선자들은 죽어야 하는 운명을 맞이한다.

　당시 전체 탑승자가 2,224명이었는데 그중 여자가 425명이 탑승하여 26%인 109명이 목숨을 잃었고, 남자는 1,690명 탑승자 중에 80%인 1,352명 사망하였다. 특히 남성과 2등실, 3등실에 탑승한 탑승자의 사망률이 다른 곳에 탑승한 사람보다 높은 사망률을 보였다. 타이타닉호의 마지막 기항지 코브항은 많은 아픔을 가지고 떠나는 형제, 부모 그리고 친척들과 이민자들의 이별의 아픔을 간직한 채 100년의 세월이 흘렀지만 여전히 이별에 아파하는 그들의 소리가 들리는 듯했다.

　코브항의 아픈 역사를 치유하고자 항구 뒤의 바다가 내려다보는 위치에 웅장한 고딕 양식의 성콜먼 성당이 위치하고 있다. 성콜먼 성당은

타이타닉호 실제 모습

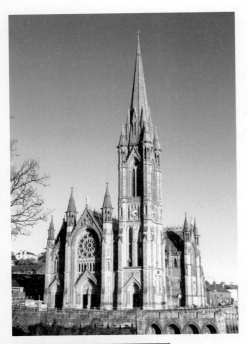

코브항 위에서 바라본 성콜먼 성당

건축적 걸작품이며 코브의 거리 위에 솟아 있는 중요한 종교적 랜드마크이다. 이 인상적인 기념물은 1868년으로 거슬러 올라가 완공까지 약 47년이 걸렸다. 성콜먼 성당을 방문하여 정교한 건축물을 감상하고 49개의 종이 있는 카리용 소리를 들으며 코크 하버Cork Harbour의 전망을 감상하는 것도 색다른 경험을 만들 수 있다. 정시에 맞춰 도착하면 도시 전체에 울려 퍼지는 성당의 종소리도 들을 수 있다.

15장

유물의 항구도시 욜(Youghal)

코크Coke와 슬픈 이민의 역사를 간직한 코브항 여행을 마치고 다음 여행지인 욜Youghal로 향했다. 1시간 남짓 거리에 있는 욜은 작은 항구도시다. 강 어귀에 위치한 욜은 과거에는 군사적으로나 경제적으로 중요한 역할을 했던 곳이다. 욜은 길면서도 좁은 구조로 형성되어 있으며 독특한 구조를 가지고 있다. 2016년 조사 기준으로 인구는 7,963명이지만 현재 거주하고 있는 인구는 약 10,000명 정도이다.

욜로 향하는 길에서 만난 성당

욜은 2000년 전후로 기존의 활력 있는 항구도시로서의 면모를 많이 잃은 곳으로 새로운 발전을 모색하고 있다. 코크의 동쪽Coke East 해안선을 따라 위치하고 있는 욜은 벽으로 둘러싸인 항구도시여서 역사적인 건물과 기념물이 많아 아일랜드 관광청Irish Tourist Board에 의해 아일랜드의 유물 항구로 지정되기도 한 곳이다.

욜 시내를 관광하다 보면 높은 성문 같은 건물을 만나게 된다. 이것이 클록 게이트 타워Clock gate tower로 1777년 트리니티성Trinity Castle 일부로

세워졌다. 한때는 감옥으로 사용되기도 했고 약한 자의 아픔이 있는 곳으로 많은 역사의 내용을 담고 있는 건물이다. 도심의 한 가운데 우뚝 솟아 있어서 욜 시내를 감시하고 있는 느낌을 주기도 한다.

욜은 항구도시뿐만 아니라 휴양도시로도 각광받는 곳인데 서쪽에 5km 긴 해변을 끼고 있어서 이곳을 찾는 사람들에게 바닷가의 정취를 제공하기 때문이다. 2011년 욜의 해변 3곳이 바닷물의 수질, 청결 그리고 편의 시설이 우수한 곳으로 지정되기도 했다. 이 도시는 많은 역사를 담고 있으며 한때 코크와 더블린보다도 더 중요한 항구였다.

욜의 성벽

16장

성의 도시 리스모어(Lismore)

리스모어는 내가 아일랜드 전역을 여행하면서 만난 곳 중 가장 고풍스러웠고 과거를 깊이 있게 만난 자그마한 도시라고 생각된다. 마을 전체가 과거를 옮겨 놓은 것 같은 착각이 들게 하고 차분하게 정리된 도심 풍경도 이곳을 찾는 이에게 차분함을 더해준다. 리스모어에서 눈에 제일 먼저 눈에 띄는 곳이 리스모어성이다.

리스모어성은 대저택으로 아일랜드에서 가장 화려한 성으로 꼽힌다. 블랙워터 계곡이 내려다보이는 경사가 완만하고 숲이 울창한 언덕 위에 자리 잡고 있다. 성 가운데 마당이 있고, 모퉁이마다 타워가 있는 사각형의 성이다.

1171년 헨리 2세Henry II가 리스모어를 방문하여 원래는 수도원 부지였던 이곳을 성의 부지로 선택하였다고 한다. 1185년에 아들인 존John 왕자가 성을 지었고, 존이 왕이 된 후부터 주교 궁으로 사용되었다. 1589년에 성은 임대되었고, 그 후 영국의 탐험가이자 군인인 월터 롤리Walter Raleigh에게 넘어갔다.

리스모어성

리스모어성 전경

1602년에 롤리는 성을 코크_{Cork}의 첫 번째 백작인 리차드 보일_{Richard} _{Boyle}에게 팔았고, 보일은 사냥터, 과수원, 연못, 외벽과 수위실 등을 만들어 멋진 저택과 정원을 완성시켰다. 1753년에 성은 데번셔_{Devonshire}의 4번째 공작의 소유가 되었고, 현재까지 데번셔 가문이 소유하고 있다고 한다. 19세기 중반에 데번셔의 6번째 공작인 윌리엄 캐번디쉬_{William} _{Cavendish}가 고딕 양식_{Gothic}으로 재건축하였고 성은 현재 주택으로 사용되며, 공공에 개방되지 않고 정원만 개방되고 있다. 내가 방문을 했을 때도 정원을 다시 꾸미는 작업을 하느라 인부들이 부산하게 움직이고 있었다. 성의 보존과 관리가 어느 곳보다 잘 되어 있었고 돌 하나하나가 정성으로 관리되어 찾는 이에게 신비로움을 전할 정도였다. 리스모어성을 구경하고 조금만 걸으면 리스모어 헤리티지 센터를 만나게 된다.

리스모어 거리

리스모어 헤리티지 센터는 과거 법원 청사였던 곳을 개조하여 현재 센터로 운영하고 있다. 636년부터 시작된 리스모어의 역사에 관한 시청각 자료들과 리스모어의 켈트족Celtic의 기원에 관한 물품들을 전시하고 있다. 한쪽은 이 도시를 찾는 관광객들에게 안내하는 방문자 센터로 운영되고 있다.

리스모어에는 많은 유적지가 있는데 성당을 빼놓을 수 없다. 리스모어 대성당은 화려하지는 않지만 균형 잡힌 성당의 모습에서 과거와 현재를 담아내는 중심을 찾을 수 있었다. 성당 안으로 들어가 소박하면서도 역사가 묻어 있는 모습을 보니 신앙이라는 신성함을 느낄 수 있었다. 성당을 돌아보고 나와 성당 사진을 찍는데 집중하고 있는데 다리에 어떤 물체가 닿는 듯해 깜짝 놀라 보니 고양이가 외로워 그랬는지 나에게 살갑게 접근한다. 오랜 여행에 외로운 나를 위로라도 하듯 반겨준다. 썰렁한 성당을 지키고 있는 고양이가 나에게도 무척 외로워 보였다.

리스모어 성당에서 살갑게 다가온 고양이

리스모어성 주변

17장

바위의 성과 돌탑의 도시 카쉘(Cashel)

리스모어를 출발해 카쉘로 향하는 길은 다른 어떤 길보다 내 기억에 남는다. 구글 내비게이션이 알려주는 내륙으로 향하는 길은 아일랜드의 아름다운 자연을 다시 한번 상기시켜주는 풍경을 제공했다. 갑자기 좁은 산길을 안내했는데 황량한 산과 호수 그리고 아기자기한 좁은 도로는 처음 운전하는 나에게는 멋진 풍경이었다.

리스모어에서 카쉘로 향하는 도로 풍경

카쉘의 바위 외부

　　우리나라와는 다른 지형적인 조건으로 지형과 산의 모양 그리고 전체적이 지형이 많은 차이가 있다. 그런 차이 속에서 만들어진 자연환경은 우리와 사뭇 다른 광경을 연출한다. 산도 우리 산과는 다르게 곡선을 유지하는 모습을 보여주면서 편안함과 걷고 싶은 마음이 들게 한다. 이런 산길을 운전하는데 산속 한가운데 외롭게 성모상이 세워져 지나가는 사람들의 평화를 빌어주는 듯하다. 가톨릭 국가인 아일랜드를 느끼게 하는 풍경으로 숙연함을 주었다. 차량의 통행이 없는 약간 높은 산길을 운전하면서 약간의 걱정을 했는데 잠시 후 산길을 돌아 마을을 보니 편안하게 마음이 안정되는 느낌이 들었다.

　　카쉘도 자그마한 시골 마을이지만 고성과 오래된 건물들이 마을을 형성하고 있어서 자세히 알고 여행을 했다면 많은 볼거리와 이야깃거리

카쉘의 바위 외부

가 있었을 거라는 생각이 들었다. 카쉘 시내는 30분 정도의 시간이면 둘러볼 수 있는 규모였지만 도심의 가장자리에는 12세기 때 만들어 15세기까지 지어진 카쉘Cashel의 바위가 있다. 언덕 위 바위에 지어진 성과 성당으로 아일랜드에서 가장 많은 관광객이 찾는 곳 중 하나이며, 고고학적으로 연구를 많이 해야 할 유적지이다.

카쉘의 바위는 중세 교회 건물의 형태를 가지고 있고 12세기 둥근 탑은 가장 오래 보존되는 건물 중 하나로 높은 십자가가 있다. 로마네스크 양식의 예배당인 Cormac's Chapel은 로마네스크 스타일로 지어진 가장 초기의 교회이다. 13세기 고딕 양식의 대성당은 1230년~1270년 사이에 지어진, 통로가 없는 대형 십자형 고딕 양식의 교회로 현존하고 있는 건물이다. 카쉘의 바위는 성 패트릭의 바위St Patrick's Rock 라고도 불린다.

카쉘의 바위는 뮌스터의 왕들의 고대 왕실로 사용되었으며 요새로서의 가치를 가지고 있는 곳이다. 아일랜드 역사 속에서 유명한 두 명이 있는데 한 명은 서기 432년에 카쉘에 도착하여 아일랜드 최초의 기독교 통치자가 된 앤거스Aengus 왕에게 세례를 주었던 성 패트릭이다.

록어브 카쉘의 내부

다른 한 명은 브라이언 보루Brian Boru로 990년에 하이킹High King으로 선정된 사람이다. 그는 상당 기간 유일한 왕으로 있었던 사람이다. 이같이 카쉘의 바위는 지역에서의 존재감과 아일랜드 역사 속에서 중요한 위치로 자리 잡고 있는 유적이다. 카쉘의 바위는 가장 높은 위치여서 수십 킬로미터를 볼 수 있는 최고의 자리에 있다. 성의 건물 보존이 완벽하지 않아서 훼손된 부분이 일부 있었지만 1,000년 가까운 역사 속에서 현존하고 있는 것이 대단했다. 우선 성안에 들어가면 유리창이 위

아래로 길게 놓여 있으며 당시의 위용을 느끼게 하는 위압감이 느껴진다. 성 주변으로 많은 무덤과 십자가는 종교와 역사가 함께하고 있음을 알려주고 있다.

현재까지 잘 보존하고 있는 돌탑과 부속건물에는 성의 유물이 보존되어 있었고 엘리자베스 2세 여왕이 방문한 사진도 보존되어 있다. 성 주변으로 펼쳐지는 초원과 양 떼들이 한가로이 풀 뜯는 모습은 한 폭의 그림 같은 아름다움을 선사한다.

카쉘의 유적지가 여러 곳 있지만 카쉘의 바위가 가장 많은 볼거리를 제공하고 전통 마을도 둘러 보면 재밋거리를 제공한다.

카쉘의 전통 마을

18장

크리스탈의 도시 워터포드(WaterFord)

1. 워터포드(WaterFord) 여행

워터포드는 아일랜드의 남동부 지역에서는 중요한 위치와 역할을 하는 도시 중 하나이다. 워터포드Waterford는 도시로서 아일랜드에서 가장 오래된 역사를 가진 곳이기도 하지만 동시에 한때 번영을 누렸던 중요한 무역 항구이다. 워터포드 하면 유명한 것이 크리스털 산업인데 이곳

워터포드의 야경과 풍경

에서 크리스틸 산업은 없어서 안 될 중요한 산업으로 자리매김하고 있다. 워터포드의 크리스틸 산업은 워터포드뿐만 아니라 주변 지역의 수천명에게 일자리를 제공할 만큼 중요하다. 워터포드는 아일랜드 동쪽 항구인 만큼 유럽에 가장 가까운 심해 항구다. 이런 환경적인 조건 때문에 아일랜드의 대외 무역의 약 12%를 차지하고 있다. 워터포드는 쉴강Suir River을 끼고 길게 도시가 형성되어 있고 더블린과 멀지 않은 곳에 위치해서 다른 아일랜드 도시보다는 더 발전의 기회가 있기도 하다.

항구도시로서 기능 외에 농업도 워터포드 발전에 큰 역할을 하였다. 농사를 짓는 사람들이 협업을 할 수 있는 협동조합의 형태로 발전한 농업은 워터포드 협동조합을 만들어 발전하였고 그들이 생산하는 유제품인 치즈공장을 만들어 성공하기도 했다.

워터포드는 2000년 초에 경기 침체로 어려움을 겪기도 하였으나, 이제는 새로운 발전의 기회를 만들어 도약하고자 노력하고 있다. 워터포드의 인상은 강을 끼고 도심이 형성되어 차분하면서 변화하는 느낌이었다. 도심 한가운데 있는 회전 위락시설은 밤의 불을 밝히며 도심의 분위기를 한층 업up시켜주는 역할을 하기도 했다.

2. 워터포드(Waterford) 펍 음악여행

친절한 워터포드 시민을 만나 못 찾고 헤매던 숙소를 찾고 여장을 푼 다음 B&B 주인에게 시내 음악펍 정보를 물어보았다. 그는 다음 여행지

인 킬케니가 음악에는 최고이니 워터포드는 별로 추천할 곳이 없다고
한다. 하지만 나는 펍 음악여행을 위한 준비를 하고 시내로 나갔다. 대
부분의 아일랜드 시내가 그렇듯 저녁 6시가 조금 넘은 듯한데 많은 상
점이 문을 닫고 펍과 식당만 손님을 기다리고 있었다.

시내가 그리 크지 않은 조그만 도시라서 음악 펍을 찾는 것은 그리
어렵지는 않았다. 길게 강을 끼고 자리를 잡은 항구 도시라 저녁이 깊
어가면서 펍의 음악 소리가 도심으로 퍼져나가 음악의 도시로 변하는
듯한 착각을 일으키게 한다. 밤의 공기를 가르는 음악 소리가 도심 분
위기와 조화를 이루고 더욱 여행객의 마음을 묘한 느낌 속으로 빠져들
게 한다.

워터포드 시내 펍

맥주와 위스키를 따르는 진열대

작가의 눈물이라는 위스키(나의 마음을 담은 술)

지역 맥주

두 명의 여성 듀오와 연주자 모습

음악을 들으려는 변함없는 마음을 가지고 저녁 식사를 마치고 추천받은 펍으로 향했다. 시간이 일러서 그런지 무대 주변에도 자리가 여유가 있었다. 무대 근처 제일 좋은 자리를 잡고 운전 때문에 마시지도 못하는 맥주 한잔을 시켜 놓고 음악이 시작되길 기다렸다.

혼자서 맥주를 마시는 50대 손님이 내 옆에 있기에 말을 걸어보니 더블린에 사는데 업무차 일이 있어서 이곳에 왔다면서, 나에게 "하는 일이 뭐냐?"라고 묻는다. 나를 자기 저녁 술친구로 삼으려는 듯했다. 며칠 더블린 근처를 여행하고 마지막으로 더블린에 들러 한국으로 간다고 하니 "더블린에서 술 한잔하자."라고 제안한다. 아일랜드 사람들의 사교성과 친밀감은 역시 알아줘야 할 것 같다.

이런 저런 얘기를 하는 사이 음악을 하는 뮤지션이 음악을 시작하고 사람들이 모여들기 시작했다. 일반적인 아일랜드 전통음악을 하는 밴드들과는 달리 이들 뮤지션은 노래에 무게를 두고 음악을 하는 뮤지션들이었다. 두 명의 여자가 노래를 하고 한 명, 두 명이 연주를 하는 형태로 음악 무대를 진행했다. 기존에 아일랜드 펍에서 들었던 패턴하고는 색다른 감흥을 주었고 음악감이 더욱 묻어나는 느낌과 함께 아름다운 그들의 합창이 펍의 분위기를 색다르게 채색하는 묘한 분위기를 연출했다. 듣기 감미로웠고 음악성이 아주 높았다. 기존의 아일랜드 전통음악이 악기 위주의 흥겨운 패턴의 음악인 반면 이들의 음악은 악기보다는 노래에 무게를 두고 연주되는 것이 선입견을 깨주었다.

강을 끼고 흐르는 그들의 감미로운 색다른 음악은 여행의 즐거움 행복감을 함께 제공하는 선물이었다. 그들 음악을 감상하는 사이 깊어가는 워터포드 밤을 맘껏 즐기고 펍을 나서니 강변의 차가운 강바람이 얼굴을 휘감는다. 바람과 강변의 분위기 그리고 휘황찬란한 회전풍차의 불빛이 여행객인 나의 외로움을 더하게 한다. 실컷 음악여행을 하고 숙소로 돌아오는 길은 가로등도 없고, 중앙선도 없는 길이었다. 나는 무의식적으로 우측운전을 하다가 앞에서 오는 차가 하이빔을 켜고 빵빵 소리를 내어 정신을 차리고 보니 반대로 운전을 하고 있었다. 아일랜드에서는 가능하면 밤 운전은 하지 않는 것이 좋을 듯싶다. 이렇게 또 아일랜드 여행의 하루가 지났다.

19장

존스타운 성으로의 여행 웩스포드(Waxford)

워터포드 여행을 마치고 다음 장소 웩스포드로 향하는 길에 존스타운성Johnstown Castle과 그 옆에 함께 있는 농업박물관에 들렀다. 박물관은 아일랜드의 농업에 대한 전시물과 감자 잎마름병으로 많은 사상자가 있었던 내용을 도식적이고 알기 쉽게 설명해 놓아 관광객인 나에게 많은 도움이 되었다.

존슨타운성은 아주 넓은 평지에 지어졌고 울창한 숲속에 고성이 존재하여 더욱 신비로움이 있었으며 성의 보존 상태도 아일랜드 여행을 하면서 보았던 어떤 성보다도 깔끔하고 웅장함을 유지하고 있었다. 넓은 평지에 오래된 나무들이 숲을 이루는 성의 정면은 아름답다는 말이 저절로 나오는 모습이다. 이뿐만 아니라 잘 가꾸어 놓은 정면의 잔디와 조경이 인상적인 성이다. 이런 정면의 모습을 보고 난 후 뒷면에 숨겨진 황홀한 정원의 광경을 보고는 더욱 감탄을 금할 수 없었다. 넓은 성의 뒤에는 앞면의 경치보다 더욱 넓은 면적의 호수가 있고, 그곳에서 한가로이 노니는 백조의 모습은 영화 속 한 장면을 보는 듯했다.

존슨타운 성과 정원

  존슨타운성 역사는 11세기로 거슬러 올라갈 정도로 깊다. 이후에는
여러 사람의 손을 거쳐 가는 불운의 역사가 있기도 하다. 존슨타운성
은 처음 건축되고 19세기에 이르러 현재의 모습이 될 때까지 계속 변하
여 왔다. 정원, 주변의 조경 그리고 추가적인 건설은 위클로 지역의 파
워스코트 가든 Powerscourt Gardens 을 설계한 다니엘 로버트슨 Daniel Robertson 에
의해서 설계되었다.

  독특한 건 호수에도 성의 연장선으로 건축물이 있는데 여느 아일랜

드 성에서는 볼 수 없는 방식이고 동양의 정원을 보는 듯한 착각을 주기도 했다. 당시 영국에서 아일랜드에 온 에스몬드Esmonde 가족이 건설하고 아일랜드를 통치했다고 한다. 때문에 가정생활을 하는 곳과 하인들이 묵을 수 있는 구조로 성을 만들어서 운영하였고 1600년대 영국의 올리버 크롬웰Oliver Cromwell 과도 인연이 있는 성이다.

존스타운 성의 아름다움과 황홀한 조경 모습을 정신없이 보고 지나는 사이에 아일랜드 농업 박물관과 맞닥뜨리게 된다. 아일랜드 농업 박물관에는 농업에 관한 내용을 전시해 놓았고 감자 기근 당시 상황을 상세히 언급해 놓았다. 우선 그들의 인구가 급팽창했던 시기와 이유에 대해서 언급했다. 기근 전까지 18세기(1750년부터 1815년까지)에 인구가 기존 인구대비 2배가 되는데 이유는 첫째 그 기간에 산업과 농업의 번창을 들 수 있다. 두 번째는 곡물법으로 영국 내에서 곡물시장을 보호하

가난한 아일랜드 농촌 농가

기 위한 조치가 있었다. 세 번째는 시리얼과 감자의 안정적인 공급. 네 번째 90%가 넘는 높은 결혼율. 다섯 번째로 남자는 23세, 여자는 22세 정도에 결혼하는 이른바 결혼 정년기이다. 여섯 번째 대가족 제도와 건강이 향상되므로 생존율과 유아생존율 향상이다. 이 같은 이유로 아일랜드 인구는 폭발적인 증가를 이룬다. 아일랜드에 감자가 주식이 된 유래는 일단 감자는 쉽게 성장하고 보관이 쉽다는 장점과 최소의 인력으로 최대의 수확을 할 수 있는 작물로 아일랜드의 주식으로 자리 잡게 되었다.

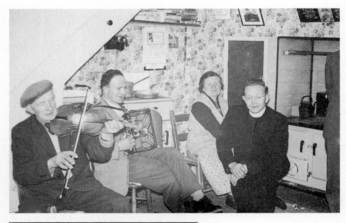
힘든 환경에서 음악은 그들의 위안처였다.

이들의 주식으로 궁합이 잘 맞아 오늘날에 이를 수 있었던 것은 아일랜드의 토양과 기후를 들 수 있다. 우선 토양을 보면 항상 습하고, 비가 자주 오고, 배수가 잘 안 되는 땅이라서 겨울을 견딜 수 있는 작물인 감자가 최적이라고 한다. 이런 기후와 토질에서는 어떤 농작물도 자라기 어려운 조건인 것이 아일랜드의 상황이었다.

The Great Famine Exhibition

아래 그림에서 보는 바와 같이 감자 입마름병이 1845년부터 1849년까지 발생하여 그들의 주식인 감자 농작물 수확에 결정적인 영향을 주어 당시 아일랜드서 식량은 엄청나게 부족한 상황이 되었다. 다음 그림은 좀 더 아일랜드의 기근을 이해할 수 있는 자료를 사진으로 첨부하였다. 아일랜드 농업 박물관에서 농업의 중요성과 그들의 아픔이 생생하게 알게 해주는 자료가 전시되어 있었고 농업의 중요성을 새삼 깨달을 수 있었고, 아일랜드 식당 어디에서나 나오는 감자의 가슴 아픈 사연을 이 농업박물관을 관람하고서야 비로소 충분히 이해할 수 있었다.

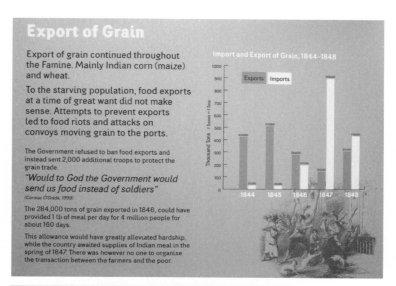

감자 대기근에도 1844년에서 48년까지 꾸준히 수출되는 곡물

20장 °

문화의 도시 킬케니(Kilkenny)

1. 킬케니(Kilkenny) 여행

아일랜드 맥주에 킬케니 맥주가 있듯 킬케니는 아일랜드를 잘 모르는
사람도 한번 정도 들어볼 수 있었던 이름이다. 킬케니는 도시 자체가
유적지로 가득한 도시이지만 다른 아일랜드 도시에서 느끼지 못했던

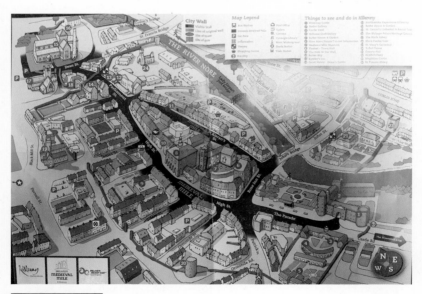

킬케니 시내 안내도

킬케니 성 주변과 도심 모습

다이내믹함이 느껴지는 곳이다. 워터포드_{Waterford}에서 묵을 때 B&B 주인이 한 킬케니 가면 많은 것을 볼 수 있고 다양한 펍이 있어서 나의 음악적 갈증을 풀어 줄 거라는 말에 기대를 품고 킬케니에 왔다. 내가 다녀본 아일랜드 도시 중에서 가장 매력 있는 도시를 꼽으라면 나는 킬케니를 꼽는 데 주저하지 않을 것이다. 킬케니는 그만큼 볼거리가 많은 도시로 성당, 성, 그리고 도심의 아기자기한 구조는 처음 방 하는 사람에게도 편안함을 안겨준다. 조그마한 도시도 짜임새가 있었고 많은 레스토랑과 내가 찾는 음악 펍이 많이 있으며 펍도 아주 예쁘게 꾸며 놓은 곳이다.

킬케니성과 공원

중세풍 강변 도시인 킬케니는 아일랜드 현대 미술과 문화, 엔터테인
먼트 중심지로 국제적인 명성을 얻고 있다. 고풍스러운 도시는 400년이
넘는 역사를 자랑하고 겉으로 보이는 것 외에도 킬케니는 아일랜드 문
화와 예술의 중심지라는 명성을 듣고 있다. 이런 명성으로 인하여 수많
은 사람들이 이 활기찬 도시를 꾸준히 사랑하고 방문하고 있다. 이곳에
서는 매년 킬케니 예술 축제를 비롯해 연중 수많은 문화 행사들이 펼쳐
진다. 내가 방문했을 때도 도심에서 장애아를 위한 시민 달리기와 음악
축제가 벌어지고 있었는데 참석하는 마을 사람들의 모습이 축제를 즐
기고 있음을 느낄 수 있었다. 달리기 대회가 끝나고 벌어지는 음악축제
에서 중·고등학생으로 보이는 청소년들이 건강하게 음악을 즐기는 모
습은 인상적이었다.

킬케니는 도시의 내실을 가지고 있는 소프트웨어적인 콘텐츠도 탄탄하지만 킬케니의 중세 건축물은 축제의 고풍스러운 배경 역할을 더하여 도시심의 매력을 더욱 키워준다. 좁다란 중세 거리의 전통 펍 사이사이에 위치한 미술관과 식당도 미각을 자극하며 여행에 즐거움을 한층 높여준다.

먼저 킬케니성은 도심에 있는데 오래전인 12세기에 이곳 자리를 잡아 현재에 이르고 있다. 이곳에서는 도시의 전경을 내려다볼 수 있고, 노어 강둑에 위치하여 녹지로 둘러싸여 있으며 공원으로 조성되어 더욱 그 자태가 드러나기도 한다. 멀지 않은 곳에 메리스Mary's성당이 있는데 외부의 웅장한 모습과 함께 내부의 화려한 스테인드글라스와 파이프 오르간은 성당의 아름다움을 더해준다.

성당을 둘러보는 가운데 나는 도심 지도를 보고 마음이 급해졌다. 볼

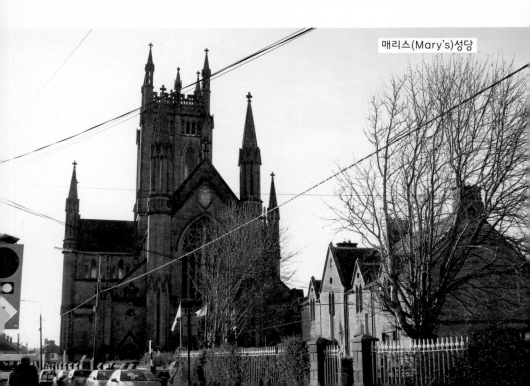

매리스(Mary's)성당

거리가 너무 많은 곳이라는 것을 알고 킬케니의 다음 행선지로 발길을 돌렸야 했기 때문이다.

지도를 보지 않고 눈에 보이는 성과 성당을 찾아다녀도 될 정도로 킬케니의 도심에서는 많은 유적지가 눈에 들어왔다. 또 다른 랜드마크인 성 케니스성당은 도시의 이름을 따온 6세기 수도사 케니스에게 경의를

케니스성당과 돌탑

표하기 위한 곳으로 현재 훌륭하게 복원되어 있다. 관람시간이 여유가 없고 촉박해서 성당 구경은 뒤로하고 먼저 돌로 쌓아 올린 성당 옆 돌탑을 오르기로 했다. 돌탑은 나무로 사다리를 이어서 돌탑 정상에 오르게 되어 있는데 겨우 한 사람이 오를 수 있는 좁은 탑이었다. 힘들게 돌탑 정상에 오르자 킬케니 시내를 한눈에 볼 수 있는 전경이 매력적이었다.

정상에서 사진을 찍는 시간을 가지는데 젊은 남녀 관광객이 탑 정상
에서 서로 사랑의 언약을 하느라 요란해서 더 이상 있을 수 없는 상황
이라 자리도 비워줄 겸 내려왔다. 돌로 만들어진 돌 타워는 온전하게
보존된 킬케니 건축물 중 가장 오래된 것으로, 사람이 올라갈 수 있는
탑은 이곳을 포함해 아일랜드에서 단 두 곳밖에 없다고 한다.

캐니스 성당의 정교함과 고풍스러운 모습을 뒤로하고 나는 킬케니의
도심 속으로 흡수되어 그들의 일원으로 다음 행선지로 향했다.

도심 주차를 하려 하니 종일 주차비는 비싸니 도서관 주차장을 이용
하면 저렴하다는 주차 안내 아저씨의 도움으로 하루에 4달러 하는 주
차장을 찾을 수 있었다. 동전으로 지불해야 하는 주차 머신에 잔돈이

부족하여 난감해 있는데 옆에 있던 아저씨가 자기 동전을 주면서 주차비를 대신 내준다. 정말 아일랜드 사람들을 좋아하지 않을 수 없다. 싸게 주차하는 곳을 소개받고 찾은 것도 감사한데 주차비까지 도움을 받으니 너무나 기분도 좋고 감사했다. 주차를 하고 묵어야 할 호스텔에 짐을 가져다 놓고 시내를 즐기기 위해 시내로 향했다.

고풍스러운 킬케니 시내

킬케니는 주민들과 관광객이 도심의 펍과 식당으로 몰려드는 주말에는 더욱 활기를 띤다. 지금 생각하면 킬케니에서 연극, 코미디, 음악, 춤 등의 국제적인 축제를 즐기지 못한 게 아쉽다. 여름에는 길거리와 옥외공간에서도 축제가 많이 열리고 버틀러 미술관이나 국립공예박물관에서 진행되는 전시회도 킬케니의 예술문화 진흥에 중요한 역할을 한다.

2. 킬케니(Killkenny) 펍(Pub) 음악여행

킬케니는 유적이 많은 도시이면서 문화 도시이다. 나는 킬케니가 음악여행의 최적지임을 느낌으로 알 수 있었는데 도심을 여행하면서 많은 펍을 보고 직감했기 때문이다. 일단 웬만한 도시에서 연주하는 라이브 펍의 수가 비수기인데도 족히 10여 곳은 되었다. 음악감상을 위해 들른 펍의 수도 아일랜드에서 제일 많지 않았나 생각을 한다.

펍을 찾아 도심을 관광하는데도 길거리에서 연주하는 많은 버스커들을 만날 수 있었고 그들의 수입(?)이 좋아서 그런지 연주하는 모습이 밝은 게 인상적이었다. 버스커들 말고도 축제가 벌어져서 그런지 한쪽에서 음악공연을 하는 뮤지션들과 음악을 즐기는 킬케니 시민과 여행객들이 많이 모여 즐기고 있었다.

킬케니의 거리의 버스커

킬케니의 음악공연 전문 펍들

나는 먼저 킬케니에서 음악을 시작하는 필드Field라는 펍에 들어갔다. 펍에는 서로 알고 있는 듯한 사람들이 모여 담소를 나누기도 하고 삼삼 오오 모여서 술잔을 기울이고 있었고 음악을 하는 뮤지션 2명이 등장 하여 음악을 막 시작하고 있었다. 이곳은 음악 펍답게 무대를 펍 한가 운데 두고 연주를 했다. 한 명은 기타를 연주하고 한 명은 밴조를 연주 하며 노래를 했는데 내 느낌으로 아일랜드 전통음악으로 삶을 노래하

는 듯한 곡이었다. 밴조를 연주하던 노신사는 음악을 하면서 다음 노래
할 사람을 지명하고, 앞서 킬라니에서 작은 음악회를 했던 펍과 같이
연주를 하고 노래를 시키는 형태를 했다.

손님 중에 83세라고 하는 붉은 옷을 입은 사람부터 노래를 하더니
20대 손님이 직접 기타를 치면서 노래를 부르기도 했다. 그리고 잠시

기타와 만돌린 그리고 기타와 휘슬의 조합

손님들과 함께 음악을 즐기는 펍의 모습

쉬는 시간에 손님들을 둘러보다가 나를 보고 어디에서 왔느냐? 묻기에 "한국에서 왔다."고 하니 노래를 하란다. 할 수 없어 나도 팝송이 아닌 한국 노래 최백호의 '낭만에 대하여'를 불러 그들에게 한국의 음악을 소개하였다. 그들은 동양에서 온 검은 머리 중년의 노래를 듣고는 좋아하며 즐거운 시간을 함께 보냈다. 다시 한번 펍에서 음악을 즐기고 술을 마시며 삶을 공유하는 것이 피부로 느껴지는 순간이었다.

무대의 공연이 끝나고 뮤지션들은 여느 펍과는 다르게 펍에 온 손님들과 어울리며 동네 사람들과 같이 격의 없이 어울렸다. 다른 펍에서 볼 수 없었던 펍의 외부에 뮤지션을 환영한다는 광고를 보고, JTBC에서 더블린이나 골웨이를 버스킹 장소로 섭외하지 않고 킬케니로 왔다면, 대접받고 수준 있는 관객들의 호응을 받으며 음악을 할 수 있지 않았을까 생각하기도 했다.

음악 사회를 보며 손님들을 노래시켰던 뮤지션이자 카리스마 넘치는 할아버지와

　이곳 필드 펍에서 음악을 즐기고도 또 갈증을 느껴 유명하다는 펍을
다시 찾고 무대 옆에 앉아서 2명이 연주하는 음악을 감상했다. 한 명은
기타 그리고 한 명은 휘슬과 만돌린을 번갈아 연주하며 아일랜드 음악
을 했다. 기타와 휘슬이 연주될 때 휘슬의 연주가 구슬프고 많은 사연
을 담고 있는 듯한 음으로 들렸다. 어쿠스틱 적인 자연의 음악을 듣는
것이 아일랜드 음악의 특징인데 앰프를 사용하는 이 펍은 조금은 도시
펍 같은 아일랜드 음악의 느낌이 났다. 하지만 세련되고 앰프 사운드
가 좋아서 그런지 매력 있게 음악이 들렸다. 어느 펍에서나 만날 수 있
는 일이긴 하지만 이곳에서 해프닝도 있었다. 남자 1명과 여자 2명이 무
대 바로 앞 내 옆에 앉았는데 이른 저녁 술에 취해서 무대에 나와 춤을

추며 나에게 말을 건넸다. 그들은 홈리스 같은 남루한 옷차림에 냄새가 너무 심해 나는 오래 감상을 할 수 없어서 다음 장소로 옮겨야 했다. 음악의 갈증이 그들 때문에 채워지지 못한 탓에 유명하다는 다른 펍으로 장소를 옮겨 음악을 더 듣는 일정을 소화했다.

킬케니의 펍은 내가 경험한 어떤 도시의 펍보다 다양했고 즐거운 경험이었다. 만약 일정의 여유가 없는 아일랜드 여행자라면 킬케니 여행을 적극 추천하고 싶다. 더블린에서 멀지 않은 곳이니 참고하기 바란다.

킬케니 시내에서 음악공연을 즐기는 시민들과 뮤지션

21장

더블린의 남부 도시
위클로우(Wicklow)와 아클로우(Arklow)

위클로우는 더블린에서 멀지 않은 거리에 있는 작은 도시이고 아클로
우는 위클로우에서 조금 더 내려오면 만날 수 있는 소도시이다.

여행 전 더블린 근교라고 할 수 있는 위클로우와 아클로우에서 조용

위클로우 시내 안내도

한 B&B에 숙소를 정하고 여행을 마무리하려는 계획을 세웠다. 보름 가까이 가톨릭 국가 아일랜드를 여행하면서 많은 성당에 들렀고 혼자만의 기도 시간을 가지며 나 자신을 성찰하고 앞으로 삶을 어떻게 살아가야 할지를 찾는 시간을 보냈다.

미사 시작 전 성당 내부

아클로우에 오자 이제 가톨릭 미사를 참여하고 싶어 작은 시골마을 성당 미사에 참여했다. 주일 11시부터 미사가 시작되는데 300명 정도 규모의 성당에 100명 남짓한 신자들이 모였다. 우리나라 성당미사와 같았지만 보다 간소했고 미사 대부분을 신부님이 집전하였다. 어린이부터 나이 든 노인까지 함께 미사를 드리는 모습이 색달랐다.

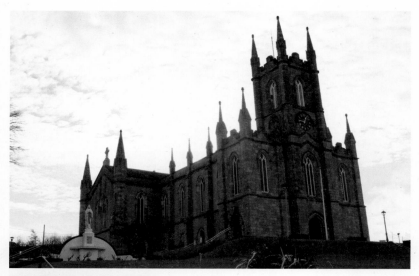

언덕에 자리 잡은 성 패트릭 성당

어려서부터 가족이 함께 미사를 드리는 습관을 형성하고 동네 사람들과 함께 종교생활을 하는 모습이 인상적이었다. 미사가 끝나자 오랜만에 본 마을 사람들과 환담을 하며 정보를 나누고 소통하는 모습이 아일랜드 성당의 또 하나의 역할로 보였다.

미사를 드리고 마음의 평안을 얻은 나는 아클로우를 여행하고 위클로우로 향했다. 위클로우는 도심보다도 주변에 유명한 관광지가 많고 더블린에서 멀지 않아 여행객이 많이 찾는 곳이다. 나는 위클로우 살짝 비탈진 곳에 자리를 잡고 있는 아담한 위클로우 시내를 먼저 둘러보았다. 이곳도 어김없이 눈에 들어온 것은 성당이다. 언덕 위에 자리 잡은 성 패트릭 성당은 시내에서 제일 전망 좋은 곳에 자리하고 있었다. 성당에 들어서니 화려한 모습이 눈에 들어왔다. 성당에 홀로와서 가족의 평화를 바라는 할

머니가 기도를 드리는 모습이 나를 숙연하게 만든다. 항상 개방되어 신자와 관광객 누구나 쉽게 성당을 접하게 문턱을 낮춰 운영하는 아일랜드 성당은 관광객인 나 같은 사람에게 여행 내내 위로와 평안을 주었다.

지금껏 아일랜드 여행 중 경찰을 보지 못했는데 위클로우에서 만난 미모의 기마 경찰은 위용도 있으면서 가까이에서 시민의 안전을 지키고 있는 듯해 친근한 느낌이었다. 차를 운전하면서도 거의 찾아볼 수 없는 경찰이지만 시민이 원하고 필요할 때는 나타나 주는 경찰처럼 인식되었다.

도심을 순찰하는 기마 경찰

나는 여행 내내 렌터카를 운전하며 다녔는데 도심과 시골의 도로 어디서도 자동차 사고가 나거나 운전자끼리 다툼을 한 번도 보지를 못했다. 안정된 국가 시스템이 작동하고 건강한 문화가 존재함은 시민 개개인이 항상 평온한 가운데 욕심을 부리지 않고 행복을 느끼며 살아가는 게 이유인 듯하다. 이런 그들의 모습과 정직하게 운영되는 시스템이 오늘의 아일랜드를 만든 원동력이 되지 않았나 생각한다.

위클로우는 1~2시간이면 여행하는 시간은 충분할 정도로 작은 도시였다. 더블린하고도 멀지 않은 거리에 있는 도시라서 이곳에 숙소를 잡는 경우는 없겠다면서도, 오히려 이곳에 숙소를 두고 더블린과 주변을 여행하는 것도 괜찮겠다는 생각이 든다. 위클로우는 바다를 끼고 있는 소도시라서 여름철에는 다양하게 즐길 수 있는 위락시설과 놀이 시설이 있을 거라는 생각은 든다. 위클로우는 가까이에 위클로우 국립공원이 자리 잡고 있어 찾는 이들이 많다. 국립공원은 환상적인 비경도 있지만 주변에 시간을 내어 볼거리가 많다. 아일랜드는 큰 나라가 아니기 때문에 가능하면 걸으면서 여행한다는 개념을 가지고 계획을 짜고 준비하면 좋을 듯하다. 시내도 걸어서 여행이 가능하고 관광지 대부분도 걸어서 여행을 할 수 있는 규모이기 때문이다.

시내 중심에 있는 동상

22장

영원히 잊지 못할
아클로우 B&B 로즈가든(Rose Garden)

자유 여행을 하다 보면 다양하고 많은 소소한 사건이 여행을 끝낸 다음 추억으로 남게 된다. 내가 아일랜드를 여행하면서 머리에 남는 일이라면 모허의 절벽에서 떨어져 여행을 접어야 할 위기에 처했던 일과 고마운 사람을 만나서 어려움을 극복한 일 등이다. 이 외에도 여행을 하면서 순간순간 즐거움을 함께했던 많은 사람이 주마등처럼 스쳐 지나간다.

여행에서 먹는 것과 잠자리는 무엇보다 중요하다는 것은 여행하는 모든 사람이 아는 일이다. 나이를 먹고 긴 여행을 하는 경우는 특히 잠자리가 더더욱 중요하다. 나는 20~30대의 젊은 들과 호스텔에서 함께하며 그들과 스킨십을 통해 소통할 기회를 가졌고, 호텔에 묵으면서는 편안함과 안락함을 누려서 감사하다.

이번 여행에서 처음 겪는 B&B에서의 색다른 경험은 여행의 기억을 더욱 남게 한다. B&B는 가정에 들어가 함께 생활하기에 주인 가족과의 만남이 좋은 경험과 추억으로 남을 수 있고, 그 나라의 문화와 생활을 경험할 수 있는 좋은 기회이다. 앞서 두 번의 B&B 경험은 주인과의 대화가 거의 없어서 아일랜드인의 삶을 들여다볼 수 없었는데, 아클로우 Arklow 근처 고리Gorey 시골 마을에 로즈가든Rose Garden B&B는 예쁘게 꾸며 놓은 정원과 아담하면서 규모가 있는 집이 인상적이기도 했지만, 주인 아주머니의 친절이 여행자인 나를 감동하게 했다.

로즈가든 B&B 숙소

도착하자 주인인 60세 전후의 아주머니가 나와 따듯하게 환대해 주며 욕실, 집에 대한 사용 설명을 해주었다. 로즈가드 B&B 시설은 세계 일류 호텔과 견주어도 부족함이 없을 정도로 깨끗했고, 여행자가 편안하게 쉴 수 있는 혼자만의 독립적인 환경을 제공해 줬다. 도심에서 약간 떨어져 있는 B&B라서 도심 접근성은 떨어졌지만 안락함과 훌륭한 시설 그리고 가족 같은 분위기를 느낄 수 있는 환경이어서 여행객들에게 최고라는 생각이 든다.

B&B 집 구조는 가족이 사는 본체와 함께 있는 건물이지만 관광객이

묶는 숙소와 분리를 해서 자신들의 생활에 방해를 최대한 받지 않는 구조였다. 목욕탕도 별도로 있는 방을 주어 훌륭했고, 무엇보다도 안락한 방의 분위기와 침대와 이불은 숙면을 취할 수 있는 최고의 환경이었다. 모처럼의 깊은 잠을 자고 제공되는 아일랜드 조찬도 주인 아주머니의 정성이 담겨 있어서 최고였다.

숙소의 안락한 침대와 의자

내가 묵을 당시 이곳을 찾은 다른 가족 여행객이 한 팀 있었는데 그들도 B&B의 안락함에 동감하고 만족하는 느낌이었다. 참고로 숙소는 호텔, 호스텔, B&B 부킹을 하는 사이트(참고로 나는 부킹.com)에서 댓글과 사진을 보고 예약하면 좋은 숙소를 잡을 수 있다. 로즈가든에 달린 댓글은 묵었던 모든 사람들의 평이 한결같이 완벽하다는 내용이었다.

여장을 풀자 커피 한잔을 대접하면서 주인 아주머니는 주변 여행 정보를 상세하게 설명해 주었고, 궁금한 것도 상세히 설명해 주는 열의를 보였다. 내가 여행 작가라고 하니 컬러로 된 책을 선뜻 주면서 글을 쓸 때 참고하라는 친절을 베풀어 몸 둘 바를 몰랐다. 숙소에 묵는 관광객들이 한번 보고 말 사람들일 텐데 마음에서 우러나오는 친절을 베푸는 그녀의 모습이 아일랜드 사람들의 모습이라는 생각이 들었다.

예쁘게 꾸며 놓은 정원과 주변 환경이 너무 아름다운 집이었다. 간간이 들리는 소 울음소리도 오히려 정신적인 안정감과 편안함을 주었다. 도심의 호텔과 호스텔은 우리가 늘 접하는 숙소이기에 B&B라는 새로운 환경에서의 경험은 여행을 더욱 풍요롭고 여유 있게 만드는 요소이다.

주인 아주머니는 2명의 딸을 키워 한 명은 더블린에서 간호사를 하고 다른 한 명은 대학원에서 박사 공부를 하고 있어서 떨어져 살고, 현재

집에는 부부가 살며 친척 꼬마를 키우고 있다고 했다. 그러면서 딸들이 시집을 안 가서 걱정이라는 말도 덧붙인다. 아주머니의 자상함과 특별한 선물(책)을 받아서 장난꾸러기 꼬마에게 용돈을 조금 주었더니 엄청 좋아하는 모습이 기억에 남는다. 여행할 숙소를 사전에 정할 때 충분한 조사(댓글 중요)를 하고 B&B를 활용한다면 그들의 삶과 문화를 이해할 수 있는 좋은 기회가 될 것이다. 힘들고 지친 나에게 그곳은 영원히 잊을 수 없는 숙소로 기억되고 남을 것이다.

23장

신이 창조한 자연
위클로우(Wiklow) 국립공원과 글렌달록

숙소인 아클로우를 떠나 위클로우 국립공원이 있는 글렌달록으로 향했다. 부슬비가 스산하게 내리는 전형적인 아일랜드 날씨가 나의 마지막 여행지 위클로우 국립공원 여행을 방해하려는 듯하다. 1시간 30분정도 운전을 하니 글렌달록에 차가 도착하였고 많은 관광객으로 주차장은 만차이다. 힘겹게 주차를 하고 'The glen of two lakes'(2개의 호수가 있는 골짜기)라는 말에서 유래한 글렌달록으로 향했다. 글렌달록 Glendalough에서 뒤의 록Lough은 겔릭어로 '호수'를 뜻한다. 스코틀랜드의 유명 시인이자 소설가인 스콧 월터 경은 이 글렌달록을 가리켜 "아일랜드의 고색창연함이 헤아릴 수 없을 만큼 진귀한 풍경"이라 묘사했다고 전해진다.

6세기 무렵 세인트 케빈St. Kevin에 의해 처음 만들어져 8세기~12세기에 본격적으로 공동체가 형성된 이곳은 1398년 영국 군대가 파괴하여 폐허로 남겨졌고, 현재는 수도사들과 전쟁으로 안타까운 죽음을 맞이한 이들의 무덤만이 있는 곳이다. 글렌달록의 첫인상은 고대 유적지의 위용을 자랑하는 곳이었지만 여느 아일랜드 유적지처럼 대단한 곳은 아니라는 느낌이었다.

입구에 특이한 2중의 아치문을 지나고 글렌달록의 상징인 돌탑이 눈앞에 들어왔다. 글렌달록 라운드 타워Glendalough Round Tower는 11세기 초, 바이킹들이 수시로 아일랜드를 침략하던 시절에 지어진 것으로 추정되고 있다. 이 31m 높이의 원형탑은 단순히 종탑으로서의 기능만이 아니라 성물과 성배, 성서 등을 안전하게 보관하는 기능으로 쓰였다고 한다.

돌탑 주변에는 많은 무덤과 죽은 사람들의 비문이 주위를 감싸고 있어 죽은 사람들에 대한 명복을 빌어주었다. 여행 안내책자에 죽기 전에 꼭 보아야 하는 건축물 1001가지 중 하나로도 뽑힌 이 타워는, 현재는 위클로우를 상징하는 건축물로 그 위용을 뽐내고 있다. 라운드 타워의 높이에서도 느껴지듯이 적으로부터 침입을 막기 위한 건축물이 어떻게 이렇게 정교하고 탄탄하게 지을 수 있었나 감탄하면서 당시의 건축 기술을 가늠해 보기도 했다.

아일랜드 사람들은 과시하거나 조급함이 없는 민족이다. 비가 자주 오기도 하지만 비 올 때 비를 그대로 맞으며 생활하는 모습을 봐도 쉽게 일희일비하지 않는 여유가 있는 것으로 보인다. 유적지에도 부서지고 무너진 유적지를 있는 그대로 보존하는 광경을 많이 볼 수 있는데 이런 모습들에서 조급하게 급조(?)하는 듯한 유물 관리 시스템은 아닌 것 같다는 생각이 든다.

글렌달록 돌탑

글렌달록 다음에 나는 가까이 있는 위클로우 국립공원으로 향했다. 비가 뿌리는 날씨에 아쉬움이 있지만 그래도 위클로우 국립공원의 아름다움을 보기 위해 차를 몰았다. 산악지역으로 들어오니 안개가 드리워져 산의 비경이 보이질 않았다. 많은 등산객과 관광 온 사람들의 차가 엉켜 좁은 산악도로가 차량 통행하기가 어려웠다.

국립공원을 종단하는 자동차길(중앙선이 없고 좁음)

안 좋은 날씨 탓에 많은 등산객과 관광객이 다음을 기약하고 안개 자욱한 위클로우 국립공원을 내려갈 수밖에는 없었다. 안개가 걷히는 순간이 있는가 하면 이내 안개가 끼기를 반복하는 날씨가 이어져 나는 안개가 걷히기를 기대하며 차 안에서 기다렸다. 시간이 지나도 위클로우 국립공원은 속살을 좀처럼 보여주질 않아 아쉬움을 뒤로한 채 철수를 할 수밖에 없었다. 아쉬움을 안고 나는 다음 날 다시 위클로우 국립공원을 지나 더블린으로 가는 코스를 정하고 국립공원에 가기로 했다.

위클로우 국립공원은 아일랜드 더블린의 남쪽에 위치한 위클로 카운티Wicklow County에 있는데 '아일랜드의 정원'이라고 불리는 곳이다. 1988년 아일랜드의 수상 찰스 호히Charles Haughey(1925~2006)가 이 지역의 야생동물과 풍경을 보존하기 위해 국립공원으로 공표했고, 1991년에 공식적으로 문을 열었다. 1988년 초기의 공원은 자연보호지정구역인 글렌달록Glendalough 숲과 근처의 글레닐로 계곡Glenealo Valley을 포함한 37km² 규모였다. 이후 부지가 추가되었고, 현재는 위클로 산맥의 최고봉인 러그나퀼라Lugnaquilla, 리피강 습지Liffey Head Bog, 글렌달록 산림보호구역을 포함한 204.83km²의 큰 공원이 되었다. 이곳으로 산악도로가 뚫려 있어 국립공원을 지날 수 있는데 이 길을 통해 자연의 아름다움을 그대로 즐기고 접할 수 있다.

미련을 떨치지 못하고 전날 살짝 본 아름다운 비경을 확실하게 보려는 의지로 다시 국립공원으로 향했다. 숙소를 출발할 때 맑은 날씨였는데 국립공원에 들어오니 어제와 같이 구름과 안개가 앞을 막는다. 어제는 일요일이라서 많은 사람이 북적였지만, 월요일인 오늘은 한가하다. 살짝 본 위클로우 국립공원의 아름다움이 너무도 황홀했고, 잊을 수가 없어 기도하는 마음으로 안개가 걷히기를 또 기다렸다. 하지만 이번에도 그 마음을 알아주지 않은 채 안개는 '이번은 아니니 다음에 오라'는 말을 하는 듯했다. 할 수 없이 다음을 기약해야만 했다. 산 위에서 흐릿하게 보이는 호수와 산은 그래도 황홀함을 느끼기에 충분했다. 기네스 호수라고 하는 검은 호수는 나의 발아래 안개를 품고 그녀의 자태를 좀

안개 낀 위클로우 국립공원

처럼 완전히 보여주기를 거부했다. 국립공원을 종주하여 더블린으로 넘어가는 코스는 어느덧 안개와 씨름하는 사이 더블린의 시내가 국립공원 높은 지대 아래로 펼쳐져 보이기 시작했다.

위클로우 국립공원은 더블린과 멀지 않은 위치에 있으므로 시내보다는 자연을 보고자 하는 사람들에게 적극 추천을 하고 싶은 곳이다. 공원 내에서 산책, 등산, 암벽등반이 가능하기 때문에 트래킹을 하는 것도 아름다운 자연을 벗하는 좋은 시간이 될 것이다. 공원 내에서는 수영과 낚시, 자전거 하이킹은 금지된다. 내가 자동차로 국립공원을 지닐 때 홀로 등산을 하는 등산객을 마주할 수 있었는데, 등산하는 재미를 만끽할 수 있는 곳이라 생각된다. 산은 가파르지 않았고 어린아이나 여자들도 쉽게 등산할 수 있는 경사였다. 등산한다고 생각하면 등산화는 반드시 착용하기 바란다. 운전을 하고 국립공원을 관광한다면 중앙선도 없이 좁은 산악도로 운전에 주의해야 한다.

국립공원에서 바라다본 더블린 시내

부록

/ 박해성

플루트, 틴 휘슬 연주자
월드포크뮤직소사이어티, 한국틴휘슬협회장
국민대학교 종합예술대학원, 가톨릭 성음악아카데미 교수
앙상블 La Flutar 멤버

아일랜드 음악 따라잡기

― 박해성

1. 아일랜드의 음악

가슴이 터질 정도로 흥겨운 리듬의 춤곡,
아름답고 애잔한 슬픔이 가득한 슬로우 에어

켈틱 음악의 본류인 아일랜드의 전통음악과 춤은 원래 가난한 아일랜드 농부들의 놀이였습니다. 아일랜드 전통음악은 자연을 사랑하고 춤과 노래를 좋아하는 유쾌한 아일랜드 사람들의 민족성과 18세기 영국의 아일랜드 문화 말살 정책, 19세기 감자 대기근, 독립전쟁 등의 슬픈 역사가 어우러져 즐거움과 슬픔의 양극단에서 만들어진 독특하고 아름다운 정서를 가지고 있습니다.

이러한 아일랜드의 음악을 많은 대중들이 콘서트에서 즐기고, 음반이 만들어져 유행하기 시작한 것은 최근 한 세기의 일이라고 하겠습니다.

아일랜드 음악의 정확한 기원은 알 수 없습니다. 하지만 잉글랜드와 스코틀랜드, 그리고 여타 유럽에서 릴과 혼파이프 등 다양한 유형의 춤곡이 아일랜드에 유입되었고, 현재의 모습으로 갖추어진 것은 18세기 무렵으로 추정합니다.

현재 아일랜드 음악은 크게 노래와 기악으로 나뉩니다. 노래에는 사랑, 영웅, 계급(지배 계급에 대한 반항), 이민 등의 주제를 담고 있습니다. 기악을 분

류하면 느리고 아름다운 선율의 '에어', 다양한 리듬 종류의 춤곡, 그리고 이탈리안 초기 바로크의 영향을 받았으며 17C 후반부터 18C까지 활약한 하프연주자 털로우 오캐롤란의 곡이 있습니다.

기악 연주에는 다양한 악기가 사용됩니다. 4마디 또는 8마디의 짧은 섹션으로 구성된 곡을 함께 같은 선율로 연주합니다. 반주를 붙이는 관습은 없었으나 현재는 기타나 피아노 등의 화음 악기로 반주를 동반하는 것이 일반화되었습니다.

원래 아일랜드에서 음악과 춤은 항상 함께 즐겼지만, 20세기 이후에는 음악만 따로 감상하는 경우가 더 일반화되었습니다. 이는 20세기 초 미국에서 SP 레코드나 라디오를 통하여 아일랜드 음악을 많이 접하면서 일어난 일입니다.

1960년대에 미국의 포크뮤직 유행에 영향을 받아, 아일랜드에서도 전통음악을 다시 찾는 유행(포크 리바이블)이 생겼습니다. 션 오리아다Sean O'Riada를 대표로 전통음악을 현대적인 방법으로 연주하는 뮤지션들이 나타났고, 다양한 실험을 통해 트레디셔널 원곡을 현대적인 느낌으로 즐길 수 있도록 형태를 바꾸어 갔습니다. 이렇게 거리나 집안, 헛간 등에서 연주되던 아일랜드 음악은 점차 바와 호텔, 콘서트홀 등, 다양한 장소에서 연주되었습니다. 최근에는 재즈와 록, 아프리카 음악 등의 영향을 받은 밴드가 전 세계적으로 명성을 얻는 한편, 전통적인 스타일로 회귀하는 움직임도 나타나는 등, 아일랜드 음악을 둘러싼 상황은 점점 다양하고 활발해지고 있습니다.

2. 아일랜드 음악의 악기

관악기로는 틴 휘슬을 가장 많이 사용합니다. 휴대가 간편하고 소리가 아름다운 틴 휘슬은 원래 나무를 재료로 만들었으나 영국 산업혁명 시절 금속으로 대량 생산되며 널리 보급되었습니다. 19세기 이전 유럽에서 활발히 사용하던 구형 플루트는 모던 플루트가 개발되고 폐기처분에 직면하자, 아일랜드로 넘어와서 아이리시 플루트가 되었으며, 모던 플루트에 비해 따뜻하고 감성적인 소리로 아일랜드 음악의 중요한 악기가 되었습니다. 풀무로 공기를 보내 연주하는 백파이프의 일종인 일리언 파이프Uilleann Pipes도 있습니다.

리드 악기로는 국내에서도 볼 기회가 많은 건반식 아코디언도 있지만, 건반이 아니라 버튼을 눌러 소리를 내는 버튼식 아코디언을 일반적으로 사용합니다. 그리고 버튼식 아코디언의 일종으로 육각형이나 팔각형 모양을 한 콘서티나가 있습니다. 연주자가 많지 않지만 하모니카로도 아일랜드 댄스곡을 연주합니다.

현악기로는 아일랜드 국가의 상징인 아이리시 하프, 바이올린(아일랜드 음악에서는 피들이라고 부릅니다), 기타, 미국에서 들어온 벤조와 만돌린, 그리스에서 들어온 부주키Bouzouki가 널리 연주됩니다. 피아노는 케일리 밴드Céili Band(아일랜드 전통 파티 밴드)의 악기로 인기가 있습니다.

타악기는 둥근 나무틀에 염소 등의 가죽을 두르고 나무 스틱이나 손으로 두드리는 바우런Bodhrán을 비롯해 숟가락 두 개를 묶은 스푼즈나 소의 늑골뼈 2개를 잡고 연주하는 본즈 등 일상생활의 도구를 활용한 악기도 사용됩니다. 또한 케일리 밴드에서는 세트 드럼도 사용합니다.

아일랜드를 대표하는 악기 대부분은 여러 시대에 걸쳐 유럽대륙과 아메리카에서 들어온 것입니다. 19세기 이전 아일랜드에서는 피들(바이올린)과 일리언 파이프, 하프가 주로 연주에 사용되었습니다. 19세기에 들어 틴 휘슬과 플루트가 사용되기 시작했고, 19세기 말부터 20세기 초에 걸쳐 미국의 민스트럴 쇼 등의 영향으로 피아노와 기타 등의 화음 반주악기가 사용되었습니다. 19세기 말에는 벤조와 만돌린, 콘서티나, 멜로디언이 그룹에 가세했습니다.

20세기에 들어서고 1920년경부터 버튼 아코디언이 인기를 누리게 되었습니다. 1960년대에는 부주키가 연주에 사용되었고, 앙상블에서 바우런을 쓰기 시작했습니다. 최근에는 아이리시 하프를 연주하는 유행이 일어나 오캐롤란의 노래 등의 슬로우 에어뿐 아니라 댄스 연주에서도 활발하게 사용하고 있습니다.

마지막으로 악기는 아니지만 악기가 없을 때나 음주가 과하여 악기를 연주할 수 없을 때는 입으로 "디루리루…"라고 선율을 흥얼거리며 춤의 반주를 할 수 있습니다. 이것을 '릴팅Lilting'이라고 합니다. 아일랜드에서는 인기 있는 연주법이기도 합니다.

3. 아일랜드 음악의 종류

전통적인 아일랜드 음악은 대부분 춤의 반주를 위해 연주되었습니다. 아일랜드 음악은 댄스와의 관계가 밀접한 만큼 리듬에 따라 종류가 분류됩니다. 지역이나 상황에 따라 다양한 종류의 곡이 연주되는데, 그중 가장 일반적으로 연주되는 것은 릴, 지그, 폴카, 혼파이프입니다.

릴(Reel)

2/2박자의 가장 많이 연주되는 리듬입니다. 1500년대 프랑스에서 시작된 것으로 알려졌으며 1580년대에 스코틀랜드에 'Reill'로 전해졌고, 1700년대에 다시 스코틀랜드를 통해 아일랜드에 전해졌습니다. 따라서 아일랜드 릴의 대부분은 스코틀랜드에서 유래한 것으로 알려져 있습니다.

대부분의 릴은 각 파트의 8소절을 두 번 반복하는 형태의 더블 릴Double Reel 이지만, 4소절을 2회 반복하는 싱글 릴Single Reel도 있습니다. 릴을 천천히 연주할 경우, 슬로우 릴Slow Reel이라고 부르기도 합니다.

지그(Jig)

중세부터 스코틀랜드, 영국 북부에서 즐기던 3박자의 춤곡입니다. 아일랜드에 넘어와 아일랜드 음악의 중요한 장르가 되었으며, 프랑스에서도 발전되었습니다. 지그는 크게 나누어 한마디에 2박자가 들어가는 더블지그Double Jig, 3박자의 슬립 지그Slip Jig, 2박자 또는 4박자의 싱글 지그Single Jig 또는 슬라이드Slide의 3종류가 있습니다. 모두 8분음표 3개를 1박으로 계산합니다.

슬립 지그 중에서 빠른 템포로 연주하는 곡을 홉 지그Hop Jig라고 합니다. 싱글 지그에서는 12/8박자로 빠르게 연주되는 것을 슬라이드라고 하며 특히 남서부의 코크와 케리에서 활발히 연주됩니다.

폴카(Polka)

폴카는 19세기에 보헤미아 지역에서 태어난 2/4박자의 리듬으로서, 어원은 '반'을 의미하는 체코어 'Pulka'에서 유래되었습니다(나라와 지역에 따라 다양한 폴카리듬이 존재합니다). 유럽 전역에서 인기 있던 오스트리아의 작곡가 요한 슈트라우스 2세는 130곡 이상의 폴카를 작곡하여 발표하기도 했습니다.

혼파이프(Hornpipe)

혼파이프는 지금은 사용하지 않는 '나팔' 종류의 악기 이름을 가진 댄스 리듬입니다. 17세기 후반에 영국에서 시작되었고, 18~19세기에 아일랜드에서 매우 유행했습니다. 바로크 시대 작곡가인 헨델은 동명의 제목으로 모음곡 '수상음악'에서 혼파이프를 작곡했습니다. 4/4박자로 각 박을 튕기듯이 길게 연주하며, 릴과는 리듬감이 달라 1박과 3박에서 악센트를 넣어 연주합니다.

지금까지 설명한 4가지 주요 리듬 외에 곡의 수와 연주 빈도는 낮지만 다양한 댄스 리듬의 종류가 있습니다.

왈츠(Waltz)

18세기 말 오스트리아와 독일에서 3/4박자의 춤곡입니다.

마주르카(Mazurca)

폴란드 'Masuria' 지역의 이름을 딴 춤곡으로 북쪽 도네 지역에서 연주됩니다.

세트 댄스(Set Dance)

남녀 4쌍, 총 8명이 춤추는 댄스를 의미하며, 반주로 릴과 지그가 사용됩니다.

스트라스페이(Strathspey)

1750년경 스코틀랜드에서 시작한 4/4박자의 춤곡입니다.

쇼티셰(Schottische)

독일에서 유래한 리듬으로 4/4박자입니다.

반 댄스(Barn Dance)

1880년대에 미국에서 유래했으며, 북부 아일랜드에서 즐기고 있습니다.

마치(March)

역사가 16세기까지 올라가는 마치는 군대의 행진곡에서 유래되었습니다.

19세기 초에 프랑스의 춤 코티용Cotillion에서 파생된 춤입니다.

틸로우 오캐롤란(영:Turlough O'Carolan/게일:Toirdhealbhach Ocearbhallain, 1670~1738)은 아일랜드를 대표하는 하프 연주자이며 작곡가입니다. 오 캐롤란은 18세에 천연두를 앓아 실명했지만, 하프 연주를 공부하여 아일랜드 전역을 다니며, 지방 귀족들에게 노래를 해주며 보호를 받았습니다. 220여 곡의 그의 노래가 현재까지 남아있으며, 하프 외에도 다양한 악기로 연주됩니다. 춤곡과는 다른 장르이며, 초기 이탈리안 바로크풍에 가깝습니다.

게일어로 된 노래들을 악기로 연주한 것입니다. 명확한 리듬을 가지지 않고, 연주자 각자에 의해 자유로운 타이밍과 음을 장식하며 연주합니다. 아일랜드에서는 일반인 중에도 댄스곡을 잘 연주하는 사람이 많아, 슬로우 에어까지 멋지게 연주할 수 있어야 한 사람의 제대로 된 연주자로 대접받는다고 합니다.

4. 아일랜드 전통음악의 명곡

아일랜드 전통음악을 감상하기 위한 입문곡으로서, 20세기 중후반 아이리시 포크뮤직 리바이벌 운동으로 유명해진 명곡 몇 개를 소개합니다. 사실 다양한 종류 춤곡들이 아일랜드 음악의 본류겠으나 아무래도 처음엔 우리의 정서와 쉽게 공감되는 슬로우 에어를 듣는 것을 추천합니다. 세상이 좋아져서 인터넷으로 제목을 유튜브에 검색하는 것만으로 많은 명연주를 만날 수 있습니다.

Londonderry Air (Danny Boy)

현재는 영국령인 북아일랜드의 런던데리 지역에서 오래 구전되어 내려오던 'London Derry Air' 선율에 1913년 영국의 프레데릭 에드워드 웨드리가 <Danny Boy>라는 새로운 가사를 입히고, 아일랜드 출신의 테너 존 맥코맥 John McComack 이 레코드로 발매하여 세계적인 인기곡이 되었습니다. 마치 우리의 아리랑처럼 영국인들의 향수를 자아내는 아름다운 곡인데, 영국의 영토가 된 데리의 선율이고 영국인들에 의해 알려져서인지 막상 아일랜드 사람들은 이 곡에 크게 열광하지 않습니다.

Down by the Salley Gardens

아일랜드 전례 민요에 윌리엄 버틀러 예이츠의 시 Down by the salley Gardens(버드나무 정원 아래)를 가사로 붙였습니다. 가장 유명한 아일랜드 튠의 하나로, 음악과 가사가 모두 아름다워 많은 이에게 사랑받고 있습니다. 아일랜드의 시인이며 극작가인 예이츠는 영국의 S. T. 엘리엇과 더불어 영어권에 20세기에 가장 위대한 시인이며 극작가로 꼽기도 합니다. 예이츠는 아일랜드 문예부흥에 적극적으로 힘을 쏟았으며, 1923년에 노벨문학상을 수상했습니다. 'Salley'는 버드나무를 뜻하는 'Sallow'의 구어입니다.

The South Wind

대중적으로 인기 있는 아일랜드 슬로우 에어 튠입니다. 가사는 아일랜드의 아름다운 자연과 연인의 그리움을 노래하고 있으나 주로 노래보다는 여러 악기로 연주되는 경우가 많습니다.

"… 마치 부드러운 실크 같은 입김, 나의 속삭임은 곧 만물을 위한 축복이요. 내가 발걸음을 옮기는 곳에는 차디찬 눈이 녹아내리고, 그 온화한 손길 위에 희망이 싹을 틔우네 / 난 그대의 고통을 치유할 것이요 / 그 대가는 단지 그대의 따스한 미소로 충분하리다 / 자그마한 나의 날갯짓 아래 / 부디 그대의 마음이 소중한 이를 향해 전달되기를…"

The Foggy Dew

1916년 실패한 독립운동인 '부활절 봉기'의 슬픈 의미를 담고 있는 The Foggy Dew는 아일랜드 민족의 슬픈 정서를 담고 있는 명곡입니다. 애잔한 멜로디와 함께 독특한 비장감마저 느낄 수 있습니다. 미국 출신의 여성 컨트리 가수 제니 프리키Janie Fricke가 불러 널리 알려졌는데, 개성이 강한 아일랜드 여가수 시네이드 오코너Sinead O'Connor가 마치 자기 민족의 국가national anthems를 부르는 듯 호소력 깊은 느낌으로 불러 더욱 유명해졌습니다. 아일랜드는 1919년 다시 영국과 독립전쟁을 일으켜 독립을 쟁취했습니다.

Sheebeg and Sheemore

이 곡을 작곡한 털로우 오캐롤란Turlough O'Carolan은 17~18세기 아일랜드의 하프연주자이며 작곡가, 가수로, 220여 개의 작품이 현존하고 있습니다. 18세에 천연두로 시력을 잃고 후원자 가족의 도움으로 음악공부를 하였으며, 이후 아일랜드 전역을 돌며 노래하고 연주하는 음유시인 바드Bard가 되었습니다. 그는 매우 인기 있는 바드여서 영주들은 그를 특별히 대접했고 때론 그를 기다리기 위해 결혼식이나 장례식이 연기되었다고 합니다. 이 곡은 밝고 사랑스러운 선율로 오캐롤란이 가진 초기 이탈리아 바로크 분위기가 잘 묻어납니다.